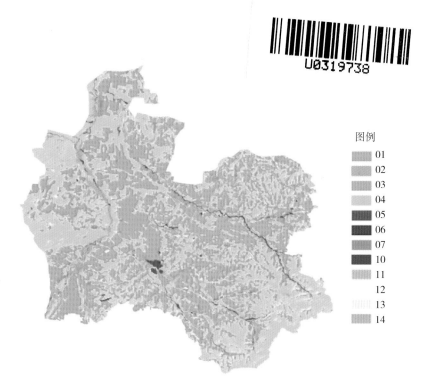

图例
01
02
03
04
05
06
07
10
11
12
13
14

彩图 3-1　研究区 1987 年土地利用现状图

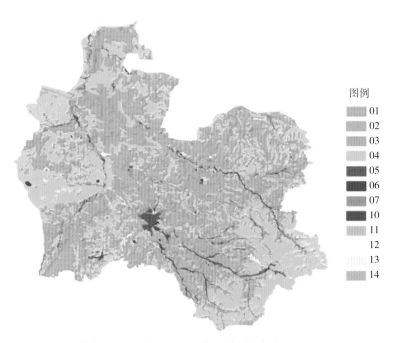

图例
01
02
03
04
05
06
07
10
11
12
13
14

彩图 3-2　研究区 2013 年土地利用现状图

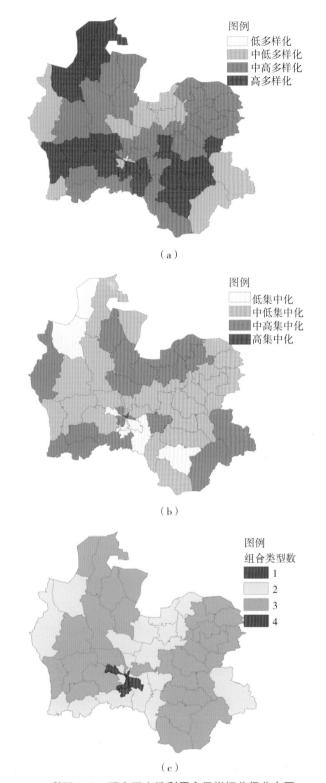

（a）

（b）

（c）

彩图 3-3　研究区土地利用定量指标分级分布图

（a）土地利用类型多样化指数；（b）土地利用类型集中化指数；（c）土地利用类型地类组合类型数

彩图 4-1 研究区 1987 年土壤采样点分布图

彩图 4-2 研究区 2013 年土壤采样点分布图

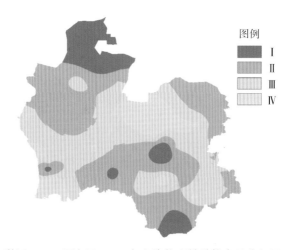

彩图 4-3 研究区 1987 年土壤物理性黏粒含量分级图

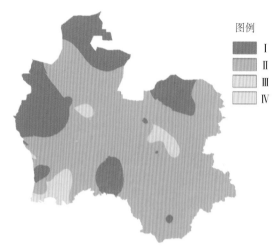

彩图 4-4　研究区 2013 年土壤物理性黏粒含量分级图

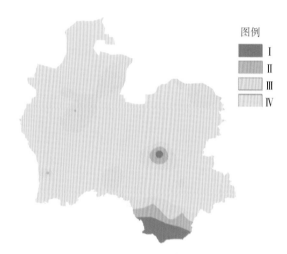

彩图 4-5　研究区 1987 年土壤有机质含量分级图

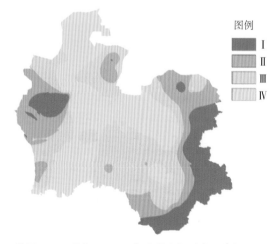

彩图 4-6　研究区 2013 年土壤有机质含量分级图

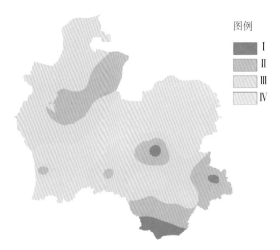

彩图 4-7　研究区 1987 年土壤全氮含量分级图

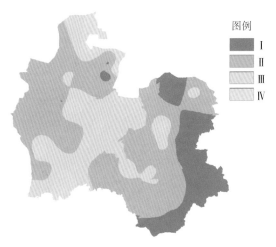

彩图 4-8　研究区 2013 年土壤全氮含量分级图

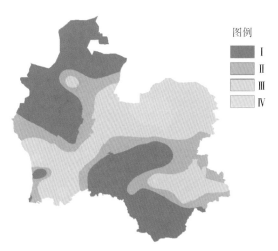

彩图 4-9　研究区 1987 年土壤全磷含量分级图

彩图 4-10　研究区 2013 年土壤全磷含量分级图

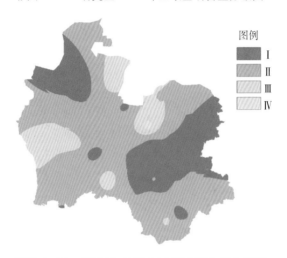

彩图 4-11　研究区 1987 年土壤全钾含量分级图

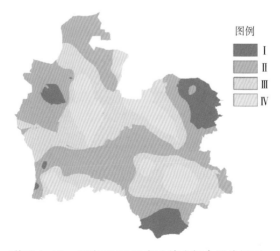

彩图 4-12　研究区 2013 年土壤全钾含量分级图

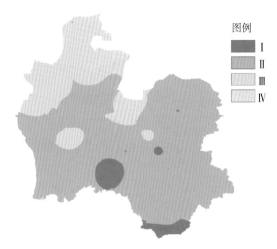

彩图 4-13　研究区 1987 年土壤 pH 分级图

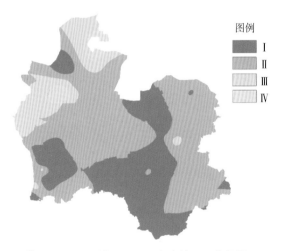

彩图 4-14　研究区 2013 年土壤 pH 分级图

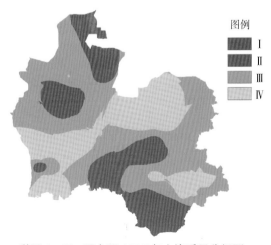

彩图 4-15　研究区 1987 年土壤质量分级图

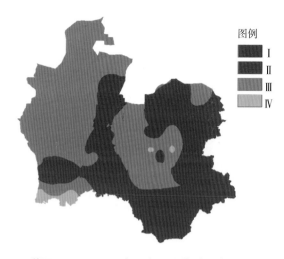

图例
I
II
III
IV

彩图 4-16　2013 年研究区土壤质量分级图

内蒙古师范大学学术著作出版基金资助出版

脆弱草原带土地利用对
土壤质量的影响研究

Effects of Land Use on Soil Quality in
Fragile Grassland Area

敖登高娃　著

中国农业出版社

内 容 提 要

土地利用是人类利用土地的特性来满足自身需要的过程，土地利用及土地利用方式的改变可导致土壤环境与土壤质量的变化。由于土壤质量存在时空分异特征，需要比较两个或多个时相变化才能更好地了解土壤质量变化的本质和机理。基于此，本书以内蒙古四子王旗中南部草原生态环境较脆弱的地带为研究区域，利用 1987 年和 2013 年遥感影像解译数据、1984 年土壤普查数据、2013 年野外采样和实验室分析数据，运用地统计方法和 GIS 技术，定量分析土地利用数量结构和空间分布格局的变化，研究了土地利用及其变化对土壤质量的影响，为该区域土地合理利用及保护提供了理论依据。主要结果为，首先明确了 1987—2013 年土地利用类型及其动态变化，表明土地利用结构更趋合理，具体表现为土地利用类型多样化、组合类型丰富、土地利用程度比较高。土地利用变化的驱动因素除自然因素外，主要受人口变化、产业布局和土地利用政策的影响。其次 27 年后研究区土壤肥力有所提高，不同等级土壤的空间分布格局发生了改变，Ⅰ、Ⅱ级土壤比例明显增加，Ⅲ级土壤略有增加，Ⅳ级土壤比例显著减少。最后土地利用类型对土壤质量的影响显著，耕地-灌木林地-草地或耕地-草地-灌木林地的空间组合有助于提高土壤肥力。

本书可供大专院校和科研单位从事地理学、土壤与土壤地理学及土地科学方面研究工作的教师、研究生和研究人员参考。

序

　　土地利用是人类利用土地的特性来满足自身需要的过程，人类社会发展离不开土地，人类通过土地利用活动，使土地质量和土地利用方式发生变化。土地利用方式的改变可导致土地覆被的变化，进而引起地表植被、生物多样性、土壤环境与土壤性质的变化。土壤作为构成土地的自然要素之一，在自然界，是联系有机界与无机界的中心环节，是人类生产、生活和生存的物质基础。土地利用的变化在很大程度上影响着土壤生态系统的时空变化，合理的土地利用可以改善土壤结构，提高土壤肥力进而增强土壤对外界环境变化的抵抗力。不合理的土地利用会导致土壤理化性质的恶化及土壤污染与土壤退化，从而降低生物多样性。这些变化将直接影响到土壤质量，并引起土壤养分元素在土壤系统中的再分配。综上所述，将不同土地利用类型对近地表土壤性质的影响研究及基于土壤质量时空分异特征，小尺度和定量化进行土地利用变化对土壤质量的影响研究两个方面结合起来的综合研究具有十分重要的科学价值及现实意义。

　　本著作是作者在博士论文的基础上进一步修改充实而完成的。在作者博士论文答辩获得同行专家一致好评以后，作为她的导师，我曾建议尽快将其公开出版，以丰富区域土地利用与土壤质量研究的内容与方法。本书以内蒙古四子王旗中南部草原生态环境较脆弱的农牧交错带为研究区域，基于遥感影像解译数据、土壤普查资料、野外采样和实验室分析数据，运用地统计方法和GIS技术，定量分析土地利用数量结构和空间分布格局的变化，研究了土地利用及其变化对土壤质量的影响，为该区域土地合理利用及保护提供了理论依据。

　　作者在写作过程中，查阅了大量国内外文献资料，在掌握了该选题涉及的相关领域动态的基础上，提出了自己的研究内容和技术路线，经过大量数据处理、系统分析和对比研究，阐明了研究区土地利用及其时空变化对土壤质量的影响。整篇著作结构严谨，层次分明，重点突出，对研究结果的分析合理严密，结论具有较好的理论和现实指导意义。我愿借此机会，把本书推荐给从事土壤与土壤地理、土地利用与土地管理研究的诸位同仁，以期引起关注和讨论。

内蒙古农业大学草原与资源环境学院　博士生导师　李跃进
2018 年 12 月于呼和浩特

前　言

　　土地利用随着人类的出现而产生，人类社会发展离不开土地，与此同时，通过人类的土地利用活动，土地质量和土地利用方式也会发生相应的改变。因此，土地利用是指由土地质量特性和社会土地需求协调所决定的土地功能过程。从系统论的观点看，土地利用的实质是土地自然生态子系统和土地社会经济子系统以人口子系统为纽带和接口耦合而成的土地生态经济系统。而土壤是一切土地利用的基础，土地利用及土地用途的改变在很大程度上影响着土壤生态系统的时空变化，这种变化既有良性的一面，也有不利的一面，需要从土地利用的变化及对土壤质量的影响进行长时间尺度的研究，才可得出其变化规律。因此，土地利用变化及其对土壤环境的影响研究不仅是国际研究的热点问题之一，也是生态系统良性循环、社会经济稳定发展和土地资源可持续利用的一个重要内容。内蒙古中北部天然草原是我国天然草原的主要组成部分，作为我国北部重要的绿色生态屏障，对保持我国北方生态环境的稳定和防止下游地区沙尘暴的形成，其生态意义非常显著，然而生态环境的脆弱性也使得其稳定性极差。其中位于干旱半干旱农牧交错区的地带，由于开垦农业与畜牧业两种土地利用方式的交错分布而进一步加剧了复合生态系统的脆弱性，文中将其称之为脆弱草原带。本书以内蒙古四子王旗中南部草原生态环境较脆弱的农牧交错带为研究区域，综合运用地统计方法和 GIS 技术，对脆弱草原带农牧交错区土地利用变化与驱动因素、土壤质量时空变化特征及土地利用时空变化对土壤质量的影响等内容进行深入研究，为该区域土地合理利用及保护提供了理论依据。

　　本书是在博士论文基础上经过进一步修改充实而完成的。在此谨向为我的论文完成和本书出版给予帮助的所有人士致谢。首先，我的博士论文是在导师李跃进教授的悉心指导下完成的。攻读博士期间，导师在我的博士学位课程学习、试验研究、教学活动、学术交流、论文撰写和工作生活等方面都给予了极大的关怀和支持，并为我提供了良好的学习研究环境。导师严谨治学、孜孜不倦、持之以恒的学者风范是我终身学习的楷模，在此向恩师表示诚挚的感谢和崇高的敬意！论文完成过程中得到内蒙古农业大学草原与资源环境学院红梅教授提供的基础数据的支持，从而使得论文的研究工作得以顺利完成，在此对红梅教授给予的帮助表示由衷的感谢。博士学习期间得到内蒙古农业大学沙漠治理学院高永教授，草原与资源环境学院索全义教授、魏江生教授在学业上给予的指导与帮助，在此表示由衷的感谢。在论文完成过程中，特别是在进行野外土壤采样及实验室理化分析过程中得到国家自然科学基金项目：41161014 和教育部全国高等学校博士学科点专项科研基金联合资助课题：20131515110005 的联合资助，在此表示由衷的感谢。作为在职博士，做学位论文的同时完成教学工作的过程中，得到内蒙古师范大学地理科学学院各位领导、同仁及学生的大力支持。首先感谢内蒙古师范大学地理科学学院海春兴教授、包玉海教授、张裕凤教授、银山教授在工作上给予的大力支持。感谢内蒙古师范大学地理科学学院包桂兰老师和王鸿鸽老师在教学工作中提供的诸多方便。感谢内蒙古师范大学地理科学学院国土资源系苏根成教授、王考老师和张惜伟老师给予的支持与帮助。感谢内蒙古师范大学地理科学学院研究生谢云虎、乌兰其其格、孙广富和萨其日拉同学在土壤实验研究、野外采样及后期处理工作中的无私帮助。

　　本书的出版得到了内蒙古师范大学学术著作出版基金和 3S 技术综合应用草原英才工程产业创新人才团队的资助，在此表示由衷的感谢。此外，在论文和本书的写作过程中，作者查阅了大量的有关文献资料并参考了一些专家的研究成果，使用了一些重要的遥感数据，在此谨向有关专家、学者以及相关机构一并致谢。另外还要特别感谢父母的包容，弟弟一家人以及爱女的理解，爱人巴雅尔教授的鼎力支持与帮助。

　　最后，恳请各位专家学者及同仁不吝赐教！

敖登高娃

2018 年 12 月 9 日于呼和浩特

目　录

1　绪论

1.1　研究背景

　　土地是地球表面陆地和水面的总称，是由气候、地貌、土壤、水文、岩石、植被等构成的自然历史综合体，并包含人类活动的成果。作为生产资料的土地，是人类不能出让的生存条件和再生资源，它具有面积的有限性、位置的固定性、质量差异的普遍性和利用的永续性等特点[1]。土地利用是人类利用土地的特性来满足自身需要的过程，人类社会发展离不开土地，人类通过土地利用活动，使土地质量和土地利用方式发生变化[1]。土地利用方式的改变可导致土地覆被的变化[2]进而引起地表植被的变化[3-4]、生物多样性的变化[5-6]、土壤环境与土壤性质的变化[7-10]等。当今世界人类面临的人口、粮食、能源、资源和环境五大问题都直接或间接地与土地及其利用有关。土壤作为构成土地的自然要素之一，是在自然因素的综合作用下由岩石逐步演变而成，在地球陆地表面，它是一个能够生长植物的疏松表层，在自然界是联系有机界与无机界的中心环节，是人类生产、生活和生存的物质基础[11]。土壤作为一种有生命的动态资源，不仅可直接为人类提供粮食、纤维等农业产品，在净化与保护环境、生态健康等方面有着不可替代的作用，决定着土地上生命的存在和灭亡[12]。土地利用的变化在很大程度上影响着土壤生态系统的时空变化[13-15]，尤其是人类干扰引起的土壤退化，反过来又威胁到了人类赖以生存的土地资源。合理的土地利用可以改善土壤结构，提高土壤肥力进而增强土壤对外界环境变化的抵抗力。不合理的土地利用会导致土壤理化性质的恶化及土壤污染与土壤退化，从而降低生物多样性。这些变化将直接影响到土壤质量，并引起养分元素在土壤系统中的再分配。土地与人口的关系主要表现为土地的供求关系，土地数量有限性和土地需求增长性构成土地资源持续利用的特殊矛盾，协调土地供给和土地需求是土地资源持续利用的永恒主题，人类土地利用活动对土壤环境的影响是研究全球环境变化与可持续发展的核心内容[16]。有关土地利用引起的土壤质量及土壤环境方面的变化一直是众多学者研究的热点。从国内外研究情况来看，在研究区域上主要集中在农耕区[17,18]、绿洲区[19-24]、滨海平原及河川流域区[25-32]、岩溶区[33-35]、青藏高原草甸区[36-40]等；在研究内容上有土地利用类型演替引起土壤近地表部分的变化研究[41]、土地利用变化对整个土壤剖面演化的研究[17]和基于土壤质量时空分异特征，分析土地利用变化对土壤质量的影响研究[16,38,42]等。总体来说，以往的同类研究，在研究区域上对生态环境较脆弱的内蒙古草原生态带土地利用变化对土壤环境及土壤质量的研究相对较少，研究内容上将不同土地利用类型引起近地表土壤性质的影响研究和基于土壤质量时空分异特征，分析土地利用变化对土壤质量的影响研究两个方面结合起来进行的综合研究相对较少。

草原是草地生态系统的主体，草地生态系统具有调节气候、涵养水源、净化空气、美化环境的生态屏障和环境维护功能。内蒙古草原位于我国北部边疆，从东北向西南斜伸，作为我国最大的天然草地资源，在国民经济发展和维护生态环境方面有着举足轻重的作用。草原生态系统由于其生态环境的严酷性和气候的波动性，生态系统十分脆弱，利用不当极易产生破坏，一旦彻底破坏，则难以恢复。不合理利用造成草地资源退化的现象一直以来普遍存在，如开垦草地后的耕作不仅破坏土壤原有结构，更使土壤易于侵蚀，土壤容重增大[15]、长期重度放牧及连年割草利用都不利于土壤肥力的蓄积及草地资源的可持续利用，季节性围封禁牧的管理方式能促进家畜粪便的归还及地表凋落物的分解，有利于土壤肥力的增加[43]，但对阿拉善左旗草原化荒漠和荒漠草原的研究表明，长期禁牧导致植被生长受到抑制和死亡，同时还会引起鼠虫害的增加，另一方面，降水量丰富的年份促使草本植物（杂草）迅速生长，抑制了次生灌木和半灌木的生长，同时当地建群灌木，由于缺乏牲畜采食，表现为生长缓慢甚至停止生长并出现灌木枯死的状况[44]。对位于内蒙古荒漠草原区的白乃庙铜矿区采矿用地土壤重金属污染状况的研究表明，草原地区采矿活动导致矿区土壤均受到了 Cu、Cr、Ni、Mn、Fe 等重金属元素不同程度的污染[45]；对内蒙古典型草原地区旅游用地土壤环境的研究表明，随着草原旅游业的迅速发展，旅游干扰强度增大，土壤容重呈递增趋势，水分含量呈递减趋势，有机质含量呈总体下降态势[46]。因此，人类从事经济活动和走向文明的进程中，草原地区，草地被城镇居民点用地、工矿用地、交通用地、旅游用地等用地类型占用现象较普遍；在农业结构调整过程中，草地与耕地和林地的用途相互转换较为频繁，从而导致土地利用方式不断发生转变，土地用途的这种改变，直接导致土壤性质、植被类型与群落及其生长状况发生变化，最终导致草原生态系统功能的改变，这种改变既有良性的一面，也有不利的一面，需要从土地利用的变化及对土壤质量的影响进行长时间尺度的研究，才可得出其变化规律。

由此可见，土地利用变化及其对土壤环境的影响研究不仅是国际研究的热点问题之一，也是生态系统良性循环、社会经济稳定发展和土地资源可持续利用的一个重要内容。

1.2　研究目的及意义

内蒙古中北部天然草原是我国天然草原的主要组成部分，草原不仅是传统畜牧业生产方式的基础，也是恢复林地生态系统、开发利用矿产资源及发展旅游业的重要组成部分。作为我国北部重要的绿色生态屏障，对保持我国北方生态环境的稳定和防止下游地区沙尘暴的形成，其生态意义非常显著，然而生态环境的脆弱性使得其稳定性极差。其中位于干旱半干旱农牧交错区的地带，由于开垦农业与畜牧业两种土地利用方式的交错分布而进一步加剧了复合生态系统的脆弱性，文中将其称之为脆弱草原带。随着国家对草原生态功能关注度的提高，内蒙古草原作为北方生态屏障作用的重要性，进一步得到了社会各界的认同。草原土壤由于其生态环境的脆弱性，不合理的土地开发利用极易引起各种形式的土壤退化。土壤生态系统作为自然生态系统的亚系统，其正常的发展演替过程同时受到自然因素与人类经济活动的影响，特定地区自然因素在相当长的时期内是处于平衡和稳定状态的，而人类土地利用活动对土壤生态系统的影响是深刻和剧烈的，尤其当土壤生态因子发生变化后，生态系统就会发生剧烈的变化和长时间不稳定，甚至出现生态系统功能的逆转。土壤性质是土壤质量变化研究的核心内容，由于土壤质量存在时空分异特征，需要比较两个或多个时相变化才能更好地了解土壤质量变化的本质和机理。基于此，本研究选取内蒙古四子王旗中南部由 8 个乡镇组成的草原生态环境较脆弱的农牧交错带为研究区域，以 1987 年与 2013 年两个时间点的土壤采样资料为比较研究对象，分析评价土地利用对土壤质量的影响，从而掌握脆弱草原带土地利用变化过程与规律、揭示脆弱草原带土地利用方式与土壤环境的关系，为保护生态脆弱带草原环境和促进草原地区生态、经济、社会协调发展提供参考依据。

1.3 国内外研究进展

1.3.1 土地利用变化研究

土地利用随着人类的出现而产生，随着社会经济的发展及人类对土地需求的不断增长，要求依据土地质量状况协调安排各种用地，这个过程称之为土地利用。土地利用是个动态过程，土地的用途、土地资源的分配、土地利用效益是随着社会经济因素及其变化而不断变化。

国外早期的土地利用研究可追溯到 19 世纪杜能的土地利用模式研究。20 世纪 30 年代土地利用研究内容涉及土地利用调查与制图、土地利用与人口的关系及土地利用的综合效益等方面[47,48]。40 年代开始，在以土地资源调查为重点研究内容的基础上开展了土地利用规划研究[49,50]。70 年代，随着遥感技术的广泛应用，在土地利用详细调查的基础上土地评价研究成为土地利用研究的重要内容之一[51]。GIS 技术的快速发展及应用，使得土地利用变化监测成为可能，使土地利用的研究内容变得更为丰富。90 年代起土地利用变化研究更加重视土地利用变化对生态环境及全球变化的影响[52]，土地利用/土地覆被研究成为国际土地利用研究的热点内容之一。土地覆被是地球表面覆盖类型的自然属性，土地利用导致土地覆被的变化，土地覆被的变化又影响土地利用[53,54]。土地利用/土地覆被是自然与人文因素密切交叉结合的过程，是"国际地圈生物圈计划"（IGBP）和"国际全球环境变化人文计划"（IHDP）的核心研究计划之一，是全球环境研究的热点和前沿问题[54]。1993 年国际科学联合会（ICSU）与国际社会科学联合会（ISSC）联合成立了土地利用/土地覆被变化核心项目计划委员会，之后一些国际组织和国家相继启动了各自的土地利用/土地覆被变化研究项目[55]。1995 年"国际地圈生物圈计划"（IGBP）和"国际全球环境变化人文计划"（IHDP）联合推出了"土地利用/土地覆被变化科学研究计划"。1999 年 4 月，IGBP 和 IHDP 又提出了"LUCC 研究实施策略"[56]。国际应用系统分析研究所于 1995 年启动了"欧洲和北亚土地利用/土地覆被变化模拟"项目[57]，目的在分析 1900—1990 年欧洲和北亚地区土地利用/土地覆被变化的空间特征、时间动态和环境效应，并预测区域未来 50 年土地利用/土地覆被的变化趋势。联合国环境署亚太地区环境评价于 1994 年启动了"土地覆被评价和模拟项目"，调查东南亚地区土地覆被的现状与变化，确定这种变化的热点地区，为区域可持续发展决策服务[58]。目前，国际上关于土地利用/土地覆被变化的研究，其核心内容主要围绕着 IGBP 和 IHDP 的科学计划所倡导的 3 个重点领域即土地利用的动力机制、土地覆被的变化机制、区域和全球模型研究三个方面。

中国作为农业大国，土地利用历史久远。在长期的土地开发利用过程中，地表原始面貌不断被改变，自然生态系统被人工生态系统取代，其作用结果既有良性的一面，也有不利的一面，关键在于是否遵循自然规律而对土地加以合理利用。合理的土地利用在带来经济效益的同时，会进一步促进生态系统的良性循环。而不合理的土地利用通过改变地表面而影响土地覆被。随着国际土地利用/土地覆被变化（LUCC）研究，中国开展了很多与全球变化联系的 LUCC 研究，国内学者在土地利用/土地覆被方面的研究从 20 世纪 90 年代后期开始。在配合国际土地利用/土地覆被变化研究计划展开研究的同时，针对我国粮食安全及土地生态环境问题、典型地区土地利用变化与社会经济发展关系等方面开展了多方面的研究[59]。土地利用涉及多个学科，基础数据的现势性和准确性是发现土地利用中存在的问题及掌握土地利用变化规律的关键。早期的土地利用数据是通过人工调查获取，20 世纪 70 年代开始，遥感技术在土地利用中的应用，为土地研究基础数据资料的获取提供方便的同时也为土地资源调查及土地利用动态监测奠定了基础。这种丰富的土地数据资料与其他各类统计年鉴、相关部门上报汇总数据和相关指标的检测测试分析资料相结合，使得土地利用研究内容变得更加丰富。如在土地利用研究尺度上，通过对全国、省（自治区）及地市（盟）尺度的土地利用结构[60、61]、土地利用变化驱动机制[62、63]、土地利用评价及土地利用对生态环境的影响[64、65]等方面的研究，较好地反映了中宏观尺度的土地利用变化格局及土地利用所产生的综合效应，而微观尺度的研究，则更有利于掌握和揭示土地利用的本质特征和内在规律[66-68]。在研究方法上，以实践与逻辑分析为主导的定性分析[69-71]、依托构建的土地利用变化模型及计量地理方法进行的定量分析[72-75]和基于定性定量方法有机融合的未来土地利用规模和空间格局模拟预测[76-78]等，对探究区域土地利用现状及演变规律、分析研究土地利用产生的生态环境效应、土壤质量变化及土地管理措施的调整提供了丰富的资料，也对促进区域土地生态环境改善、寻找土地资源可持续利用途径提供了可能。

1.3.2　土地利用对土壤质量的影响研究

土壤是人类生存和发展的重要物质保障，是一切土地利用的基础。土地利用的变化在很大程度上影响着土壤生态系统的时空变化[14]，不同的土地利用可以改变土壤物理属性，如在我国热带亚热带红壤分布地区，研究不同土地利用方式和土壤肥力状况对红壤物理性质的影响表明，林地和水田土壤中，随着土壤肥力的提高，土壤容重和土粒密度降低，改善了土壤的结构性质，提高了土地质量[79]。在藏东横断山区草地转变成坡耕地后土壤质量变化研究表明，草地垦殖后的短期耕作对土壤结构与质地的影响较大，造成表土容重、砂粒含量明显增大，黏粒、粉粒含量明显减少[80]。已有研究指出，草地开垦后的耕作能破坏土壤原有结构，使土壤易于侵蚀，土壤容重增大[81-83]。因此，基于生态环境的保护，草地开垦的土地利用行为应该谨慎进行。黄河湿地地区，受土地利用方式改变的影响，从河滩湿地到开垦湿地（农田），土壤容重变大，耕地因盐碱化而废弃为盐碱化荒地后，由于植被的缺失使土壤容重进一步增大，土壤变得更紧实[84]。不同土地利用方式也可对土壤化学性质产生明显影响[85]，如在典型生态脆弱带黄土丘陵沟壑区研究发现，林草地转为农地会使土壤有机碳降低[86]，但农地转为林草地却使土壤有机碳增加[87、88]。在青藏高原高寒区，自然林转为人工林、草地和农地会使土壤有机碳下降[89]，转为灌草地却使土壤有机碳得到提高[90]。人类不同土地利用方式都减少了湿地草地土壤有机碳的积累量[91]。土壤管理与土地利用方式直接影响土壤有机物质的输入和输出，而植被特点和植被变化对土壤有机质含量变化影响显著。对青藏高原青海省海北州的研究表明，草地退化和开垦均导致土壤有机碳和全氮含量降低、表层速效氮损失和土壤有机碳、全氮、全磷含量沿土壤深度的变异消失，而土地利用方式对土壤速效磷的影响较为复杂[92]。对祁连山东段典型高寒生态脆弱区，不同土地利用方式对土壤性状的影响研究表明，土壤全氮含量天然草地最大，坡耕地最小，全钾含量坡耕地最大，天然草地最小，全磷含量坡耕地最大，退耕自然恢复地最小，土壤速效氮磷钾含量天然草地最高[93]。在贵州省普定县喀斯特石漠化地区的封山育林地、退耕还林地和农耕地三种土地利用方式的比较研究表明，土壤有机质、全氮、速效氮在退耕初期呈现下降趋势，随着林地环境的形成又呈增加趋势。频繁的耕作等干扰措施，使得土壤大量养分元素随收获而迁出，导致土壤劣变[94]。中亚热带山区天然林转化为人工林、次生林和农业用地后导致土壤有机质、全氮的大量损失，天然林转化为人工林后土壤全磷含量增加，全钾含量降低，土地利用变化对土壤全磷、全钾的影响的规律较为不明显[95]。土地利用变化对土壤环境的影响研究有，郭旭东等对河北省遵化市低山丘陵区的研究表明，陡坡开荒和耕种会引起严重的土壤退化[14]。在祁连山东段天祝高寒地区，不同土地利用方式比较研究表明，在高寒地区的退耕还草措施，对当地的生态恢复和改善具有显著的效果[96]。北方农牧交错带土地利用方式的改变显著影响土壤容重大小，研究表明 0～10cm 土层，林间草地土壤容重显著高于过牧草地和耕地，过牧草地和耕地高于天然草地；10～20cm 土层，过牧草地高于林间草地，林间草地显著高于天然草地和耕地[97]。不合理的土地利用影响土壤理化性质和土壤环境状况，进而会影响许多生态过程，导致土壤质量下降，加速土壤侵蚀和土壤退化。合理的土地利用方式可以改善土壤结构，增强土壤对外界环境变化的抵抗力。土地利用及土地利用变化引起的土壤环境问题已成为土地生态环境良性循环的重要环节，受到国内学者的广泛关注。

1.4　研究内容与技术路线

1.4.1　研究内容

1.4.1.1　脆弱草原带土地利用变化与驱动因素研究

（1）土地利用现状分析

土地利用主要研究各种土地的利用状况，其分类主要依据土地的用途、经营特点、利用方式等因素。土地利用类型在参考《土地利用现状分类》国家标准[98]的基础上，根据研究区具体情况及实际工作的需要，共划分耕地、林地、牧草地、居民点用地、工矿仓储用地、水域及水利设施用地和未利用土地 7 个类型，其中林地包括有林地和灌木林地 2 个二级类，居民点用地包括了城镇居民点用地和农村居民点用地 2 个二级类，未利用土地包括了盐碱地、沙地、裸土地和裸岩 4 个二级类。在此基础上从数量结构和空间布局两个方面对 2013 年土地利用状况进行分析。

（2）土地利用时空变化分析

以 1987 年和 2013 年两期遥感影像解译数据及相关地面资料为基础，运用 GIS 技术对研究区两期土地利用图进行叠加分析，获取土地利用类型的转移矩阵，利用土地利用变化相关模型计算并分析研究区 27 年来土地利用时空变化特点与土地利用程度变化情况。

（3）土地利用变化的驱动因素分析

土地利用变化的影响因素包括自然因素和人文因素两大类。其中地形地貌和河网布局等自然地理因素是形成土地利用结构的基础[99]，在短期内对土地利用变化的影响比较小且不显著，但降水量的年际变化对地处脆弱草原带农牧交错区的土地利用影响非常明显。另一方面人口变化、村镇建设、产业布局和土地利用政策等人文因素在短期内对土地利用变化的影响非常明显，因此本文主要选取降水量、人口变化、产业布局和土地利用政策等因素，对土地利用变化的驱动因子加以分析。

1.4.1.2　脆弱草原带土壤质量时空变化特征分析

（1）土壤质量基本特征分析

土壤质量是土壤许多物理、化学和生物学性质以及形成这些性质的一些重要过程的综合体。土壤作为一种有生命的动态资源，土壤质量也具有时空动态变化的特征。本文根据研究区土壤特点及实际研究的需要，取0～20cm的表层土壤，测定土壤物理性黏粒、有机质、全氮、pH、全磷、全钾指标，分析土壤质量基本特征。

（2）土壤质量空间变化特征分析

利用径向基函数（Radial Basis Function，RBF）插值法，对研究区两个时期土壤质量各指标进行空间插值，在分析各指标空间变异特征的基础上，进一步分析土壤质量空间变化特征。

（3）土壤质量评价

计算各采样点相对土壤质量指数，利用径向基函数空间插值法，分析估计未采样地区的土壤质量指数值，按照相对土壤质量指数分级标准，得到研究区 1987 年和 2013 年两个时期土壤质量的空间分布图，以此来分析评价研究区近 27 年土壤质量的变化情况。

1.4.1.3　脆弱草原带土地利用对土壤质量的影响

（1）基于土地利用类型的土壤质量统计分析

比较 1987 年和 2013 年两个时期不同土地利用类型间土壤质量各指标值及土壤质量指数，评价不同用地类型间的土壤质量状况。

（2）土地利用方式对土壤质量的影响分析

比较研究区 27 年来不同土地利用方式下土壤质量的变化情况。

（3）土地利用变化对土壤质量的影响分析

比较研究区 27 年后土地利用变化对土壤质量的影响及土壤质量的变化情况。

（4）土地利用对土壤质量影响的原因分析

对 27 年来土地利用对土壤质量影响的原因进行系统分析。

1.4.2　技术路线

本研究技术路线见图 1-1。

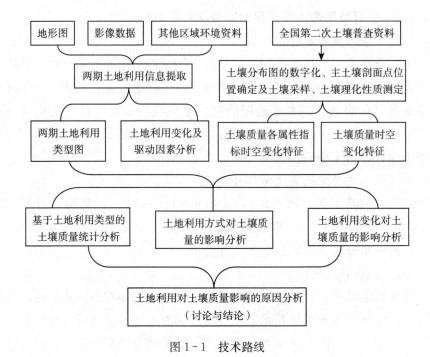

图1-1 技术路线

2　研究区概况

2.1　地理位置

　　四子王旗地处内蒙古自治区中部、乌兰察布市西北部，位于北纬 41°10′～43°22′，东经 110°20′～113°。东与乌兰察布市察哈尔右翼中旗、察哈尔右翼后旗及锡林郭勒盟苏尼特右旗毗邻，南与乌兰察布市卓资县、呼和浩特市武川县交界，西与包头市达尔罕茂明安联合旗相连，北与蒙古国接壤，国境线全长 104km，土地总面积 2 551 600hm²。研究区位于四子王旗乌兰察布丘陵西南部半干旱草原带，依据 2000 年行政区划的划分，研究区包括吉生太乡、巨巾号乡、库伦图乡、大黑河乡、乌兰花镇、活佛滩乡、忽鸡图乡和朝克文都乡 8 个乡镇，下辖 54 个村（社区），土地总面积 218 961.38hm²（图 2-1）。

图 2-1　研究区示意图

2.2 社会经济发展状况

内蒙古四子王旗是一个以蒙古族为主体，汉族居多数的少数民族边境旗，全旗共有蒙古族、汉族、回族、满族、达斡尔族、锡伯族、土族、苗族、壮族、彝族、朝鲜族 11 个民族，截至 2008 年底，全旗总人口 213 708 人，其中蒙古族 18 319 人，占总人口的 8.57%；汉族 193 342 人，占总人口的 90.5%；其他少数民族 2 074 人，占总人口的 0.93%。四子王旗是成吉思汗胞弟哈卜图·哈萨尔的第十五代系孙诺延泰，有四子，分牧而居，故称四子部落，四子王旗称谓由此而来。格根塔拉草原坐落在四子王旗，"格根塔拉"是蒙古语，意为辽阔明亮的草原，举世瞩目的载人航天飞船主着陆场距格根塔拉 50km。广袤浩瀚的杜尔伯特（蒙语意为四子王）大草原，近年来已形成独具草原风情的旅游景区。

全旗地域辽阔，资源富集，有一大盆地，两个成矿带，一个成矿区，现已发现和探明的矿种有 40 余种，其中金属矿种 21 种，非金属矿种 19 种，煤、萤石、石英石、石膏、芒硝、铜、金等矿种储量大、品位高，开发潜力大。四子王旗是全国风能资源最为丰富的地区，位于全国有效风功率密度大于 $200W/m^2$、风速大于 $3m/s$ 和有效时数 6 000h 以上的区域，处于风能资源区划中 I 级区的核心部分，全旗已规划巴音、幸福、夏日三大风场，总面积 330 000hm^2，总装机容量 1 300 万 kW，已有四家风电企业投资开发。

全旗金融、工商、税务、医疗卫生、文化教育、通信和餐饮服务体系建设齐全。2012 年全旗农牧业总产值完成 24.3 亿元，比上一年同期增长 39.4%；农牧业增加值完成 15.7 亿元，农作物播种面积 115 924.6hm^2，节水灌溉总面积累计 27 813.9hm^2，粮食总产量达到 1.71 亿 kg，油料产量 3 331.5 万 kg，肉产量 3.4 万 t，家畜存栏 95.63 万头（只）。2012 年全旗地区生产总值 49.3 亿元，财政收入 2.58 亿元，规模以上工业增加值 12.7 亿元，固定资产投资完成 25 亿元，城镇居民可支配收入 18 336 元，农牧民人均纯收入 4 858 元。近年来不断加强城镇建设，人居环境得到显著改善。随着国家"三北"防护林工程、退耕还林工程和治沙工程的开展，在"生态立旗"可持续发展战略下，采取人工造林和封山育林等措施，全旗建立了完善的森林生态体系。全境旗县级公路多条，村村通公路和通电，电力、通信设施比较完善，这不仅有利于城乡物质文化的交流，还促进了农、林、牧、商各业的发展。旗政府所在地乌兰花镇向南距首府呼和浩特市 95km，向北距二连浩特市 286km，距乌兰察布市政府所在地集宁区 178km，省道 S101 线纵贯全境。

2.3 自然环境特点

2.3.1 地质地貌

四子王旗地处大青山北麓，内蒙古高原地带，地势东南高西北低，略呈长方形。地形从南至北由阴山山脉北缘、乌兰察布丘陵和蒙古高原 3 部分组成，其中：山地占 4.1%，丘陵占 56.1%，高原占 39.8%，海拔高度在 1 000～2 000m 之间，相对高差 1 100m。以东西向的猴山为界，大体可将全旗分割成南北两个不同的地貌类型，南部属阴山山地和山前丘陵区，其间零星散布有少数小平原和河川滩地，并且因南部的大青山、北部的猴山、东部的笔架山和马鞍山、西部的低山丘陵，构成著名的乌兰花盆地；北部为内蒙古高原，地形开阔，高程为 1 000～1 300m，由南向北逐渐倾斜，地貌呈层状高原、条形谷地和碟形洼地镶嵌分布，高原地貌典型而完整，地形结构单调，没有明显的山脉，起伏和缓，切割轻微。全旗主要山脉有当郎斯日比、阿日嘎郎田、脑木更山、笔架山。当郎斯日比，为蒙古语，意为七层山的意思，由东西横亘的七道山梁组成，总面积 75km²，从南往北依次排列为拜兴斯日比、阿拉合音斯日比、温格斯日比，混其斯日比、敖包斯日比、乌林斯日比、达忽拉音斯日比，主峰是敖包斯日比，海拔 1 761m，鸟瞰本山好似七道互不相连的天然屏障；脑木更山，南北长约 1 500m，东西宽约 1 000m，山顶有数个敖包，其中海拔最高的"乌罕特音勃尔和图敖包"为 1 129m，山顶平整，牧草茂盛。

地质构造基本与地貌分区相吻合。北部内蒙古高原属华夏系构造体系，出露地层以白垩系到第三系红土，砂砾岩为主。最北部出露少量元古界及泥盆系地层。华夏系构造体系主要表现为，阿木古郎向斜、萨如勒背斜、白音敖包断裂带以及卫井-脑木更向斜，这些构造和断裂均呈北东向展布。南部乌兰花盆地，地质构造属阴山纬向构造体系，出露地层以太古界、元古界一套变质岩体系以及华力西期的花岗岩为主。岩层片理面，主要构造线呈东西向，局部地区变质岩的片理面呈北东向的扭裂面，是同期产生的次一级的构造，并受后期燕山运动的影响所致。

研究区位于四子王旗乌兰察布丘陵西南部半干旱草原带，地势东南高西北低，海拔高度在 1 350~2 100m 之间，相对高差 750m。

2.3.2 气候

四子王旗地处中温带大陆性季风气候区，年平均气温在 1~6℃，冬季（1月）最冷月平均气温自北向南由−14℃降到−17℃，夏季（7月）最热月平均气温自南向北由 16℃ 上升到 24℃，气温平均日较差 13~14℃，平均年较差 34~37℃，全年平均无霜期 108d，年平均降水量 110~350mm，多集中于 7—9 月，占全年总降水量的 79.8%，降雪期一般为 10 月到次年 4 月，最大积雪量为 800~900mm，蒸发量是降水量的 8~10 倍，气候总特点是春季干旱多风，夏季炎热短暂，秋季多雨凉爽，冬季严寒漫长，四季更替明显。

全旗光能资源丰富，全年日照时数南部为 3 084h，北部为 3 286h，日照百分率南、北部分别为 70% 和 75%，在内蒙古自治区属较高地区。热量资源受地形、地貌影响，地区差异比较明显，由南向北逐渐增加，其中北部和中部热量较多，但水分较少，南部热量较少。全旗大风日数多，风力强，持续时间长。

研究区年平均气温 1~4℃，气温平均日较差 13~14℃，年平均降水量 250~350mm。

2.3.3 土壤

根据 1984 年土壤普查结果，全旗共有 6 个土类、17 个亚类、49 个土属。6 个土类分别是：山地黑土、灰土、栗钙土、草甸土、棕钙土、盐土。17 个亚类分别是：山地黑土、生草灰土、粗骨灰褐土、暗栗钙土、粗骨栗钙土、普通栗钙土、淡栗钙土、草甸栗钙土、盐化草甸土、灰色草甸土、淡棕钙土、碱化棕钙土、盐化棕钙土、粗骨棕钙土、草甸盐土、草甸棕钙土、普通棕钙土。受水平和垂直地带性影响的地带性土壤及分布分别为：①东南低山区，海拔 1 700～2 100m，分布有暗栗钙土，腐殖质层厚通常在 30～50cm，多为粒状结构，有机质含量 2％～3％左右；②南部丘陵区，海拔 1 500～1 700m，分布着普通栗钙土，腐殖质层厚 25～45cm，多为松散结构，有机质含量 1％左右；③中部波状丘陵区，海拔 1 300～1 500m，分布着淡栗钙土，腐殖质层厚 25～38cm，有机质含量约 1％左右；④北部层状高平原区，海拔约 1 000～1 400m，分布着棕钙土，腐殖质层厚为 24～45cm，有机质含量为 1％左右；⑤西北微起伏高原区，海拔 1 000～1 200m，分布着淡棕钙土，腐殖质层厚 15～40cm，有机质含量不足 1％。非地带性土壤由于受中小型地形、区域性水分地质条件影响，引起同一类型土壤可以在不同的土壤水平分布带出现，形成隐域性土壤。在塔布河流域的一级阶地、河漫滩、山间、丘间盆地等地势低洼、地下水位较高的地形部位上，分布着草甸土类土壤。在山间、丘间、洼地湖滨低平地和扇缘交接地及河漫滩等地势低洼、排水不畅的地带分布有盐土类土壤。

　　研究区土壤主要有灰褐土、栗钙土、草甸土和盐土 4 个土类，包括粗骨灰褐土、生草灰褐土、暗栗钙土、普通栗钙土、淡栗钙土、草甸栗钙土、灰色草甸土、盐化草甸土等 8 个亚类和 39 个土属。

2.3.4 植被

　　四子王旗所处自然植被带为干草原到荒漠草原地带，以成吉思汗边墙遗址为界，从南至北可划分为四大植被类型，分别为：①山地半干旱草原植被。分布在旗东南部，所占面积较少。植物群落为以克氏针茅为建群种的多杂类草植被，其他常见植物有羊草、膨苞鸢尾、萎陵菜、防风、波菜廉子、百里香、蒿类等，覆盖度大于 30％。②丘陵半干旱草原植被。分布在该旗南部成吉思汗边墙遗址以南的丘陵区，其面积在农区占 80％左右，在牧区占 35％左右，植物群落为以克氏针茅为建群种的少杂草类植被，其他常见植物有小禾草类、冷蒿、火绒草等，覆盖度 30％以下。③高原干旱荒漠草原植被。分布在该旗成吉思汗边墙遗址以北的高原区，面积约为 133 多万公顷，占牧区面积的 60％以上。植物群落以戈壁针茅为建群种的荒漠草原植被，其他常见植物有冷蒿、多根葱、戈壁天门冬、兔唇花、燥原芥等，而且灌木丛较多，在北部的低洼地带，红砂、珍珠、白刺灌丛成为优势植物，灌丛下堆积形成 10～20cm 的小土包，均匀散布，构成荒漠草原特有的地面景观，覆盖度 15％～20％。④草甸植被。主要分布在塔布河流域的河漫滩和一级阶地，面积不大，主要为芨芨草草甸，其他常见植物有马蔺、莎草、碱蓬、西伯利亚蓼等。

研究区自然植被以丘陵半干旱草原植被为主。

2.3.5　水文特征

全旗地表水和地下水资源贫乏，河流甚少，水系简单，最大的河流塔布河由南向北纵贯全旗，为季节性内陆河，流域面积 7 873km²，白音敖包河、乌兰花河、席边河、大清河、温克齐河、乌兰依勒更河、乌忽图高勒河均系塔布河支流。由于受地形、地质及气候等条件的影响和控制，地下水分布很不均匀，基本是南多北少。根据内蒙古水文地质分区，大致可划为以下几个类型区：①低山丘陵盆地区，主要分布于乌兰花盆地及周围丘陵和中蒙边境一带，水量普遍贫弱，仅能供人畜饮用和小面积灌溉。②高原贫水区，主要分布于查干敖包、白音花、红格尔及广大牧区。地下水埋深大于 100m，有大面积的缺水和半缺水草场。③丘间宽谷较富水区，分布于白音朝克图与乌兰哈达之间，地下水位深 30～70m，发展饲草基地水源条件良好。④丘间洼地区，主要分布在乌兰花、东八号、巨巾号、库伦图、太平庄、大黑河及查干补力格等乡苏木部分地区，地下水位深 30～70m，水源条件较好。

3 土地利用变化及驱动因素分析

3.1 数据来源与研究方法

3.1.1 数据来源和预处理

本研究中的基础数据源和基础数据分别为研究区 1987 年和 2013 年 Landsat/OLI 影像和应用该影像所获取的研究区 1987 年和 2013 年土地利用数据。遥感影像数据从地理空间数据云（http：//www.gscloud.cn/）数据网站下载的 1987 年 9 月 15 日和 1988 年 9 月 24 日两景 Landsat5 TM（Thematic Mapper）影像以及 2013 年 9 月 6 日和 29 日的两景 Landsat8 OLI（Operational Land Imager）影像，并对影像进行了裁切、直方图规定化等相关预处理后通过拼接、裁切和对比度拉伸等步骤获得了研究区 1987 年 Landsat TM 和 2013 年 Landsat OLI 标准假彩色合成影像。生成研究区 1987 年 Landsat TM 标准假彩色合成影像的过程中虽然用到了 1988 年的影像，但其所占面积比例极小，并且仅出现在边角，对实际土地利用的解译判读无任何实际影响。应用 ESRI（Environmental Systems Research Institute，Inc）的 ArcInfo 地理信息系统软件，通过屏幕数字化方式对 1987 年和 2013 年两期 Landsat 标准假彩色合成影像进行土地利用类型目视解译，获得具有正确空间拓扑关系的 Shape 格式矢量数据，并进行了相关统计分析，以其作为本书研究工作的基础数据。

3.1.2 土地利用类型的划分

土地利用分类的主要依据是土地用途，为了满足社会经济发展的需求和适应全国土地统一管理的需要，2007 年国家在原有（1984 年和 1989 年）土地分类体系的基础上制定了新的土地分类体系，即"第二次全国土地调查土地分类",采用二级分类,其中一级类 12 个,二级类 57 个。本书土地利用类型在参考《土地利用现状分类》国家标准(GB/T21010—2007)的基础上,根据研究区具体情况及实际工作的需要,共划分耕地、林地、牧草地、居民点用地、工矿仓储用地、水域及水利设施用地和未利用土地等 7 个一级类型,其中林地包括有林地和灌木林地 2 个二级类,居民点用地包括了城镇居民点用地和农村居民点用地 2 个二级类,未利用地包括了盐碱地、沙地、裸土地和裸岩 4 个二级类。在土地利用类型的解译过程中通过野外实地调查建立了各地类在 Landsat 标准假彩色合成影像上的解译标志,并在初步目视解译结束后,通过再次前往研究区进行实地调查的方式,进行了所有疑难图斑土地利用类型的最终确认,因此在 30m 遥感影像空间分辨率水准上达到了较高的定位定性分类精度。在此基础上根据研究需要自定编码(表 3-1),并获得研究区 1987 年和 2013 年土地利用数据(表 3-2 和表 3-3)和土地利用分布图(彩图 3-1 和彩图 3-2)。

表 3-1　研究区土地利用分类表

土地利用类型		含　义
一级地类	二级地类 (编号)	
耕地	耕地(01)	指种植农作物的土地,包括熟地,新开发、复垦、整理地,休闲地(含轮歇地、轮作地);以种植农作物(含蔬菜)为主,间有零星果树或其他树木的土地;平均每年能保证收获一季的已垦土地。耕地中包括宽度<2.0m 固定的沟、渠、路和地坎(埂);临时种植药材、草皮、花卉、苗木等的耕地,以及其他临时改变用途的耕地
林地	有林地(02)	指生长乔木的土地,包括迹地、未成林造林地、苗圃及各类园地(即种植果树的园地),不包括居民点内部的绿化林木用地、铁路、公路征地范围内的林木,以及河流、沟渠的护堤林
	灌木林地(03)	指郁闭度≥40%,高度在 2m 以下的矮林地和灌丛林地
牧草地	牧草地(04)	指生长草本植物为主的土地,包括天然草地、人工草地和其他草地

（续）

土地利用类型		含　义
一级地类	二级地类 （编号）	
居民点用地	城镇居民点 用地（05）	指城镇用于生活居住的各类房屋用地及其附属设施用地，包括普通住宅、公寓、别墅等用地；机关团体、新闻出版、科教文卫、风景名胜、公共设施等的土地；用于军事设施、涉外、宗教等的土地
	农村居民点 用地（07）	指农村用于生活居住的宅基地
工矿 仓储用地	工矿仓储用地 （06）	指主要用于工业生产、采矿、物资存放场所的土地
水域及水利 设施用地	水域及水利设 施用地（10）	指陆地水域、滩涂、沟渠、水工建筑物等用地。不包括滞洪区和已垦滩涂中的耕地、园地、林地、居民点、道路等用地
未利用地	盐碱地（11）	指表层盐碱聚集，生长天然耐盐植物的土地
	沙地（12）	指表层为沙覆盖、植被覆盖度低于5%，不包括滩涂中的沙地
	裸土地（13）	指表层为土质，植被覆盖度低于5%的土地
	裸岩（14）	表层为岩石、石砾，其覆盖面积≥70%的土地

表3-2　1987年研究区土地利用结构

单位：%

村（社区）	耕地	林地	牧草地	居民点用地	工矿仓储用地	水域水利设施用地	未利用地
中号村	42.18	4.97	43.67	3.49	0	3.74	1.95
郑家滩村	60.44	4.05	31.3	2.11	0	0.04	2.07
英土村	56.71	4.09	34.04	1.66	0	1.83	1.67
杨油房村	55.27	6.19	32.45	3.22	0.45	0	1.8
小东营村	60.76	5.48	27.95	2.64	0	1.97	1.2
席边河村	29.96	1.33	64.28	0.96	0	0.4	3.07
乌兰路社区	38.16	23.89	27.04	10.9	0	0	0
文南路社区	58.65	3.77	27.15	6.01	0	4.06	0.37

（续）

村（社区）	耕地	林地	牧草地	居民点用地	工矿仓储用地	水域水利设施用地	未利用地
温都花村	54.41	4.46	37.46	3.08	0	0	0.58
文北路社区	0	0	0	100	0	0	0
卫井路社区	87.35	0	0.13	10.57	0	0	1.94
王府路社区	51.25	3.26	41.97	2.75	0	0.06	0.71
土城子村	62.08	5.55	24.78	2.75	0	2.97	1.87
团结路社区	27.81	0	0	72.19	0	0	0
体育路社区	97.98	0	0	2.02	0	0	0
糖坊卜子村	40.79	6.48	48.07	2.42	0	0.57	1.67
堂村村	27.55	2.49	61.48	0.52	0	1.72	6.24
苏木加力格村	65.6	1.87	28.32	3.42	0	0.36	0.43
四十顷地村	72.37	9.91	12	1.76	0	2.93	1.03
生盖营村	66.38	4.83	25.53	2.22	0	0.29	0.74
闪丹村	62.85	3.67	29.8	2.25	0	0.33	1.09
三合泉村	41.35	1.86	45.64	3.15	0	0.84	7.16
腮忽洞村	67.49	5.13	18.81	4.24	0	2.46	1.86
前古营村	61.37	2.46	32.4	1.54	0	0.69	1.53
南梁路社区	42.77	1.35	41.28	12.03	0	0.72	1.85
庙后村	58.29	4.26	31.79	3.27	0	0	2.39
毛独亥村	56.27	2.34	34.93	2.86	0	0.61	3
麻黄洼村	62.43	4.88	28.14	4.28	0	0	0.27
六犋牛村	59.75	5.77	30.7	2.38	0.01	0.02	1.36
库伦图村	62.01	3.34	24.52	5.26	0	4.03	0.84
巨龙太村	65.01	4.96	26.09	2.72	0	0	1.23
巨巾号村	63.7	5.17	24.39	3.77	0	2.09	0.88
韭菜滩村	60.01	4.22	27.93	6.13	0	0	1.71
解放路社区	42.84	10.86	30.88	4.29	0	2.24	8.88
吉生太村	26.73	8.62	52.47	2.52	0	3.25	6.41
活佛滩村	28.87	0.07	61.45	1.45	0	1.54	6.63
后卜洞村	54.42	1.63	38.07	3.57	0	0.22	2.08
红盘村	61.42	0.77	29.84	5.13	0	0	2.84

（续）

村（社区）	耕地	林地	牧草地	居民点用地	工矿仓储用地	水域水利设施用地	未利用地
和平路社区	40.58	28.64	22.29	3.71	0	4.78	0
海卜子村	58.18	5.59	33.01	2.36	0	0.05	0.82
哈拉圪那村	51.19	1.16	43.1	1.67	0	2.46	0.41
广场路社区	41.04	2.13	21.05	45.9	0	3.77	0
古营子村	70.44	5.83	18.54	2.74	0	0	2.45
公合成村	45.57	3.15	45.23	2.56	0	1.43	2.06
富强路社区	74.66	0.88	19.1	3.56	0	1.58	0.23
富贵村	66.59	4.1	21.88	3.32	0	0.27	3.84
东卜子村	46.52	6.27	42.04	2.21	0	2.04	0.91
东玻璃村	51.71	0.69	40.15	3.65	0	0	3.79
大新地村	64.69	5.83	21.37	2.94	0	4.6	0.58
大青河村	62.51	7.53	21.88	3.04	0	4.22	0.83
大南坡村	64.81	3.13	28	2.34	0	1.04	0.68
大黑河村	51.49	9.45	33.83	1.93	0	2.62	0.69
朝克文都村	57.71	1	35.87	4.7	0	0	0.71
阿力善图村	72.56	2.71	19.28	2.27	0	2.13	1.04

表 3-3 2013 年研究区土地利用结构

单位：%

村（社区）	耕地	林地	牧草地	居民点用地	工矿仓储用地	水域水利设施用地	未利用地
中号村	33.61	26.51	29.77	4.4	0	4.07	1.64
郑家滩村	36.21	33.8	23.7	2.33	0.28	0.04	3.64
英土村	31.18	40.11	16.24	2.39	0	6.34	3.74
杨油房村	49.66	10.99	30.46	3.14	4.75	0	0.99
小东营村	44.95	35.08	11.92	3.8	0.71	1.88	1.66
席边河村	27.28	9.62	57.18	1.75	0.89	0.46	2.82
乌兰路社区	56.83	7.49	11.5	24.19	0	0	0
文南路社区	29.53	38.18	17.43	12.03	0	2.77	0.07
温都花村	39.72	26.67	29.62	3.43	0	0	0.55
文北路社区	0	0	0	100	0	0	0

（续）

村（社区）	耕地	林地	牧草地	居民点用地	工矿仓储用地	水域水利设施用地	未利用地
卫井路社区	35.07	15.37	3.64	45.91	0	0	0
王府路社区	32.72	42.51	7.22	15.51	0.61	0.91	0.53
土城子村	38.68	38.06	7.53	3.77	0.32	6.81	4.82
团结路社区	0	0	0	100	0	0	0
体育路社区	29.35	37.68	0	32.97	0	0	0
糖坊卜子村	27.52	18.25	46.59	2.51	0.31	0.76	4.07
堂村村	19.37	7.71	62.29	0.84	0	2.56	7.23
苏木加力格村	62.72	23.29	9.44	4.19	0	0.36	0
四十顷地村	55.69	30.19	6.44	2.9	0	4.05	0.73
生盖营村	37.34	36.97	18.09	3.37	0	0.42	3.8
闪丹村	33.84	38.05	19.7	3.1	0	2.21	3.1
三合泉村	29.46	19.49	44.57	2.14	0	2.84	1.5
腮忽洞村	46.44	35.89	2.34	3.85	0.03	7.77	3.69
前古营村	41.93	31.88	21.64	1.69	0	0.87	1.98
南梁路社区	29.95	19.07	24.28	24.1	0.02	1.43	1.14
庙后村	27.64	45.94	20.46	3.6	0	0.95	1.41
毛独亥村	36.02	23.54	33.76	2.67	0	0.98	3.02
麻黄洼村	65.05	17.99	11.6	5.36	0	0	0
六犋牛村	50.37	28.52	14.19	2.56	0.52	0.09	3.76
库伦图村	50.15	23.35	16.98	5.88	0	3.07	0.57
巨龙太村	51.33	22.63	21.98	3.55	0.01	0	0.49
巨巾号村	55.63	24.24	11.83	4.43	0.63	2.11	1.13
韭菜滩村	54.24	24.56	13.93	6.6	0	0.03	0.64
解放路社区	35.83	28.54	6.01	11.78	0	2.47	15.37
吉生太村	33	11.14	40.03	2.66	0	4.63	8.53
活佛滩村	15.88	15.24	58.64	1.27	0	5.32	3.64
后卜洞村	44.42	20.39	30.27	3.66	0	0.22	1.04
红盘村	47.03	22.06	21.49	5.93	0	1.29	2.2
和平路社区	19.07	35.46	15.47	5.66	0.7	20.24	3.4
海卜子村	52.98	23.45	18.9	3.45	0	0.24	0.98

（续）

村（社区）	耕地	林地	牧草地	居民点用地	工矿仓储用地	水域水利设施用地	未利用地
哈拉圪那村	28.21	26.57	38.41	2.24	0	4.53	0.04
广场路社区	7.83	23.67	13.04	41.57	13.89	0	0
古营子村	50.16	31.39	12.08	4.49	0	0.57	1.32
公合成村	35.95	26.12	31.79	2.86	0	1.69	1.59
富强路社区	50.15	24.91	7.95	9.67	0	4.09	3.23
富贵村	39.38	37.27	17.07	4.4	0.16	0.28	1.45
东卜子村	30.72	34.49	26.38	2.05	0.15	5.37	0.85
东玻璃村	40.94	16.83	37.34	3.81	0	0	1.08
大新地村	51.58	21.78	17.57	3.64	0	5.42	0
大青河村	59.27	25.76	2.18	4.97	0	4.45	3.37
大南坡村	47.04	32.3	17.23	2.31	0	1.04	0.07
大黑河村	33.54	36.02	24.45	2.08	0	3.41	0.5
朝克文都村	46.92	29.58	18.99	4.52	0	0	0
阿力善图村	58.19	23.68	10.85	5.67	0	1.23	0.39

3.1.3 研究方法

3.1.3.1 土地利用多样化分析

土地利用多样化分析的目的在于揭示区域内各种土地利用类型的齐全程度或多样化状况，吉布斯-马丁多样化指数，可较好地反映区域内不同土地利用类型或不同土地利用类型的齐全程度[100]。计算公式为：

$$G = 1 - \sum_{i=1}^{n} x_i^2 / \left(\sum_{i=1}^{n} x_i \right)^2 \qquad (3.1)$$

式中，G 为多样化指数，其理论最大值为 $(n-1)/n$；n 为土地利用类型数；x_i 为第 i 类土地面积或百分比。当 $n=1$ 时，该地区只有 1 种土地类型，此时 $G=0$，多样化指数最小，如果一个地区土地利用类型越多样，n 则越大，G 越接近 1。

3.1.3.2 土地利用集中化分析

为了更精确地度量土地利用的集中程度，可利用集中化指数对其进行分析，土地利用集中化指数计算公式[101]为：

$$I_j = \frac{A_j - R}{M - R} \qquad (3.2)$$

式中，I_j 为第 j 个区域土地利用的集中化指数；A_j 为第 j 个区域各地类累计面积百分比；M 为土地集中分布时累计面积百分比之和；R 为高层次区域各土地利用类型的累计面积百分比之和，以 R 作为衡量集中化程度的基准。本研究中以选取的 8 个乡镇组成的研究区域作为高层次区域，研究区地类为 7 种，则 M 值为 700，经计算 R 值为 588.15（以研究区 2013 年土地利用结构为标准计算得出）。集中化指数越大说明土地利用的集中化程度和专门化程度越高；反之，集中化指数越小，说明土地利用的集中化程度越低，即越均衡。

3.1.3.3 土地利用组合类型分析

区域土地利用结构的组合特征和主要类型的分析可反映区域土地整体功能的强弱。威弗-托马斯组合系数法能较准确地确定区域土地利用组合类型[101、102]。该方法基本原理是把土地的实际分布（实际面积百分比）与假设分布（假设面积百分比）相比较，逐步逼近实际分布，得到最接近实际分布的土地利用组合类型。其步骤是：①将土地利用类型按面积比例由大到小排列。②进行土地实际利用分布与假设土地分布比较。假设土地只分配给一种土地类型，这种类型的假设分布为 100%，其他类型的假设分布为 0；假设土地分配给前两种土地利用类型，这两种类型的假设分布各为 50%，其他类型的假设分布为 0；依此类推，如果土地均匀分配给 7 种土地类型（本书共划分 7 个一级土地利用类型），则假设分布为 100/7。③计算组合系数。计算方法为每一种假设土地分布（假设面积百分比）与对应实际土地分布（实际面积百分比）之差的平方和。④确定区域土地组合类型。选择最小组合系数并以其所对应的组合类型作为区域土地组合类型。

3.1.3.4 土地数量结构区位意义分析

为反映一个区域土地利用类型在高层次区域空间内的相对集聚程度，可通过土地利用区位指数对土地利用结构区位进行分析，其计算公式[103、104] 为：

$$Q_i = (f_i / \sum f_i) / (F_i / \sum F_i) \qquad (3.3)$$

式中，Q_i 为区位指数，f_i 是区域内第 i 种土地利用类型的面积，F_i 是高层次区域第 i 种土地利用类型面积。如果区位指数 $Q_i > 1$ 则说明区域内该类土地利用类型的区位意义比较明显，$Q_i < 1$，则说明区域内该土地利用类型不具备区位意义。本研究中以选取的 8 个乡镇组成的研究区域作为高层次区域。

3.1.3.5 土地利用程度综合分析

土地利用程度（land use degree，LUD）是土地利用类型构成的综合反映，本研究中采用土地利用程度综合分析法，将土地利用程度按土地自然综合体在社会因素影响下的自然平衡状态分为若干等级并赋予分级指数[105]，本研究中分为 4 级并赋予分级指数（表 3-4），计算公式为：

$$L_j = 100 \times \sum_{k=1}^{m} B_k \times C_k \qquad (3.4)$$

式中，L_j 为某区域土地利用程度综合指数，介于 $100 \sim 400$ 之间；B_k 为研究区内第 k 级土地利用程度分级指数；C_k 为研究区第 k 级土地利用程度分级面积百分比（分级指数对应的土地利用类型面积所占总面积的百分比，%）；m 为土地利用程度分级数。

表 3-4 土地利用类型及对应分级指数

土地利用类型级	土地利用类型	分级指数
未利用地级	未利用土地	1
林、草、水用地级	林地、草地、水域及水利工程用地	2
农业用地级	耕地	3
城镇聚落用地级	居民点及工矿仓储用地	4

3.1.3.6 土地利用变化速度和趋势分析

土地利用变化是不同土地利用类型之间的转化，对某一种土地利用类型而言，其空间格局的变化有三种情况：转出部分（Δ_{out}），某土地利用类型 i 转变为其他土地利用类型；转入部分（Δ_{in}），其他土地利用类型转变为某种土地利用类型 i；未变化部分（us_i），土地利用类型没有发生变化部分。

为了定量表征土地利用变化的速度，可用土地利用类型转出速度（v_{out}）和土地利用类型转入速度（v_{in}），其计算公式为：

$$v_{out} = \Delta_{out} / s_{(i,t_1)} \times 1/(t_2 - t_1) \times 100\% \qquad (3.5)$$

$$v_{in} = \Delta_{in} / s_{(i,t_1)} \times 1/(t_2 - t_1) \times 100\% \qquad (3.6)$$

式中，t_1，t_2 分别表示研究初期和末期，$s_{(i,t_1)}$ 表示研究初期某一土地利用类型 i 的面积（下同）。

为了从整体上掌握研究区土地利用类型的动态变化程度，可用土地利用类型综合动态度模型（v），其公式为：

$$v = (\Delta_{out} + \Delta_{in}) / s_{(i,t_1)} \times 1/(t_2 - t_1) \times 100\% \qquad (3.7)$$

为了比较某一土地利用类型（i）的转出和转入速度，反映土地利用变化的趋势和状态，可用状态指数（D_i）加以表征，其中 $0 \leqslant D \leqslant 1$，表示研究期间某种土地利用类型的转入速度大于转出速度，朝规模增大的方向发展，处于"扩张"状态；$-1 \leqslant D \leqslant 0$，表示研究期间某种土地利用类型转出速度大于转入速度，面积减少，处于"缩减"状态，计算公式[106、107]为：

$$D_i = (v_{in} - v_{out}) / (v_{in} + v_{out}) \qquad （其中 -1 \leqslant D \leqslant 1） \qquad (3.8)$$

3.2 土地利用现状分析

土地利用结构是国民经济各部门占地的比重及其相互关系的总和，是各种用地按照一定的构成方式的集合，用地结构有现状结构和规划结构，关键在于结构是否合理[108,1]。因此定量表征土地利用结构，有利于分析掌握区域土地利用的社会、经济和生态效应的变化情况。

利用表 3-3 数据和公式（3.1）～（3.4）计算，可获得研究区各行政村土地利用多样化指数、集中化指数、组合类型、土地利用程度综合指数及土地利用区位指数，运用 ArcInfo 的自然间断点分级法，对多样化指数和集中化指数进行分级归类〔彩图 3-3（a）和彩图 3-3（b）〕，其中对土地利用多样化指数按照 $G > 0.68$ 为高多样化区、$0.68 \geqslant G > 0.62$ 为中高多样化区、$0.62 \geqslant G > 0$ 为中低多样化区和 $G \leqslant 0$ 为低多样化区划分 4 个等级；对土地利用集中化指数按照 $I_j = 1$ 为高集中化区、$1 > I_j > 0.22$ 为中高集中化区、$0.22 \geqslant I_j > 0$ 为中低集中化区和 $0 \geqslant I_j$ 为低集中化区划分 4 个等级；以土地利用组合类型数为依据获得研究区土地利用空间格局组合类型图〔彩图 3-3（c）〕。

表3-5 研究区各行政村土地利用定量指数表

村（社区）	集中化指数	多样化指数	组合系数	组合类型数	组合类型	土地利用程度综合指数	土地利用区位指数						
							耕地	林地	牧草地	居民点用地	工矿仓储用地	水域及水利设施用地	未利用土地
南梁路社区	−0.26	0.76	64.34	4	耕地-牧草地-居民点用地-林地	277.06	0.79	0.75	0.86	6.82	0.11	0.63	0.47
乌兰路社区	0.38	0.6	901.16	2	耕地-居民点用地	305.2	1.50	0.3	0.41	6.85	0	0	0
文南路社区	0	0.72	427.44	4	林地-耕地-牧草地-居民点用地	253.51	0.78	1.51	0.62	3.4	0	1.22	0.03
文北路社区	1	0	0	1	居民点用地	400	0	0	0	28.3	0	0	0
卫井路社区	0.31	0.64	489.12	2	居民点用地-耕地	326.9	0.92	0.61	0.13	12.99	0	0	0
体育路社区	0.18	0.66	34.89	3	林地-居民点用地-耕地	295.3	0.77	1.49	0	9.33	0	0	0
富强路社区	0.1	0.67	813.4	2	耕地-林地	266.26	1.32	0.98	0.28	2.74	0	1.8	1.33
团结路社区	1	0	0	1	居民点用地	400	0	0	0	28.3	0	0	0
王府路社区	0.15	0.68	455.81	3	林地-耕地-居民点用地	264.43	0.86	1.68	0.26	4.39	3.02	0.4	0.22
广场路社区	0.35	0.61	954.54	2	居民点用地-林地	318.74	0.21	0.93	0.46	15.69	0	0	0
和平路社区	−0.33	0.77	302.14	4	林地-水域-耕地-牧草地	228.38	0.50	1.4	0.55	1.6	3.45	8.88	1.4
解放路社区	−0.17	0.75	439.55	4	耕地-林地-未利用地-居民点用地	244.02	0.94	1.13	0.21	3.34	0	1.08	6.33

（续）

村（社区）	集中化指数	多样化指数	组合系数	组合类型数	组合类型	土地利用程度综合指数	土地利用区位指数						
							耕地	林地	牧草地	居民点用地	工矿仓储用地	水域及水利设施用地	未利用土地
生盖营村	0.11	0.69	287.56	3	耕地-林地-牧草地	240.28	0.98	1.46	0.64	0.95	0	0.18	1.57
郑家滩村	0.08	0.7	120.01	3	耕地-牧草地-林地	237.78	0.95	1.33	0.84	0.66	1.39	0.02	1.5
六锁牛村	0.27	0.64	683.85	2	耕地-林地	252.76	1.33	1.12	0.5	0.73	2.54	0.04	1.55
土城子村	-0.02	0.69	411.33	2	耕地-林地	242.05	1.02	1.5	0.27	1.07	1.57	2.99	1.98
古营子村	0.31	0.63	514.51	2	耕地-林地	257.81	1.32	1.24	0.43	1.27	0	0.25	0.54
巨巾号村	0.29	0.62	860.97	2	耕地-林地	264.63	1.45	0.96	0.42	1.25	3.09	0.93	0.47
大南坡村	0.3	0.64	454.66	3	耕地-林地-牧草地	251.59	1.24	1.27	0.61	0.65	0	0.46	0.03
阿力善图村	0.38	0.59	911.36	2	耕地-林地	269.14	1.53	0.93	0.39	1.6	0	0.54	0.16
吉生太村	-0.01	0.71	613.77	2	牧草地-耕地	229.78	0.87	0.44	1.42	0.75	0	2.03	3.51
公合成村	0.04	0.7	74.78	3	耕地-牧草地-林地	240.09	0.95	1.03	1.13	0.81	0	0.74	0.65
中号村	-0.08	0.72	97.88	3	耕地-牧草地-林地	240.77	0.88	1.05	1.06	1.25	0	1.78	0.68
前古营村	0.18	0.68	220.25	3	耕地-林地-牧草地	243.32	1.10	1.26	0.77	0.48	0	0.38	0.82
糖坊卜子村	0.18	0.67	460.53	3	牧草地-耕地-林地	229.08	0.72	0.72	1.65	0.71	1.51	0.34	1.67
席边河村	0.38	0.59	672.31	2	牧草地-耕地	229.74	0.72	0.38	2.03	0.5	4.37	0.2	1.16
温都花村	0.15	0.68	111.02	3	耕地-牧草地-林地	246.02	1.05	1.05	1.05	0.97	0	0	0.23

（续）

村（社区）	集中化指数	多样化指数	组合系数	组合类型数	组合类型	土地利用程度综合指数	土地利用区位指数 耕地	林地	牧草地	居民点用地	工矿仓储用地	水域及水利设施用地	未利用土地
海卜子村	0.31	0.63	704.88	3	耕地-林地-牧草地	258.91	1.40	0.92	0.67	0.98	0	0.1	0.4
大新地村	0.22	0.65	757.47	3	耕地-林地-牧草地	258.87	1.36	0.86	0.62	1.03	0	2.38	0
库伦图村	0.2	0.66	694.16	3	耕地-林地-牧草地	261.35	1.32	0.92	0.6	1.66	0	1.35	0.23
后卜洞村	0.22	0.67	314.32	3	耕地-牧草地-林地	250.7	1.17	0.8	1.07	1.04	0	0.1	0.43
富贵村	0.17	0.68	338.08	3	耕地-林地-牧草地	247.04	1.04	1.47	0.61	1.24	0.78	0.12	0.6
苏木加力格村	0.5	0.54	982.02	2	耕地-林地	271.11	1.65	0.92	0.34	1.19	0	0.16	0
红盘村	0.12	0.68	496.56	3	耕地-林地-牧草地	256.69	1.24	0.87	0.76	1.68	0	0.56	0.91
朝克文都村	0.28	0.65	424.82	3	耕地-林地-牧草地	255.95	1.23	1.17	0.67	1.28	0	0	0
韭菜滩村	0.33	0.63	903.19	2	耕地-林地	266.79	1.43	0.97	0.49	1.87	0	0.01	0.26
东坡璃村	0.22	0.66	361.93	3	耕地-牧草地-林地	247.48	1.08	0.66	1.33	1.08	0	0	0.45
巨龙太村	0.29	0.64	580.16	3	耕地-林地-牧草地	257.97	1.35	0.89	0.78	1.01	0.07	0	0.2
大黑河村	0.08	0.7	102.34	3	林地-耕地-牧草地	237.19	0.88	1.42	0.87	0.59	0	1.5	0.21
杨油房村	0.25	0.65	536.11	2	耕地-牧草地	264.46	1.31	0.43	1.08	0.89	23.36	0	0.41
四十顷地村	0.37	0.59	491.63	2	耕地-林地	260.75	1.47	1.19	0.23	0.82	0	1.78	0.3
毛独麦村	0.06	0.7	120.48	3	耕地-牧草地-林地	238.34	0.95	0.93	1.2	0.76	0	0.43	1.24

（续）

村（社区）	集中化指数	多样化指数	组合系数	组合类型数	组合类型	土地利用程度综合指数	土地利用区位指数						
							耕地	林地	牧草地	居民点用地	工矿仓储用地	水域及水利设施用地	未利用土地
庙后村	0.2	0.67	372.88	3	林地-耕地-牧草地	233.44	0.73	1.81	0.73	1.02	0	0.42	0.58
闪丹村	0.05	0.7	232.42	3	林地-耕地-牧草地	236.93	0.89	1.5	0.7	0.88	0	0.97	1.28
哈拉圪那村	0.07	0.7	123.26	3	牧草地-耕地-林地	232.65	0.74	1.05	1.36	0.63	0	1.99	0.02
堂村村	0.37	0.56	1 208.22	2	牧草地-耕地	213.83	0.51	0.3	2.21	0.24	0	1.12	2.98
活佛滩村	0.26	0.6	1 315.51	3	牧草地-耕地-林地	214.78	0.42	0.6	2.08	0.36	0	2.34	1.5
三合泉村	0.17	0.68	347.76	3	牧草地-耕地-林地	232.24	0.78	0.77	1.58	3.61	0	1.25	0.62
小东营村	0.19	0.66	410.93	2	耕地-林地	252.31	1.18	1.38	0.42	1.08	3.49	0.82	0.68
东卜子村	-0.01	0.71	90.25	3	林地-耕地-牧草地	234.27	0.81	1.36	0.94	0.58	0.73	2.35	0.35
腮忽洞村	0.2	0.65	306.05	2	耕地-林地	250.51	1.22	1.42	0.08	1.09	0.15	3.41	1.52
英土村	0.02	0.71	402.55	3	林地-耕地-牧草地	232.22	0.82	1.58	0.58	0.68	0	2.78	1.54
大青河村	0.34	0.58	734.12	2	耕地-林地	265.84	1.56	1.02	0.08	1.41	0	1.95	1.39
麻黄洼村	0.49	0.53	1 414.43	2	耕地-林地	275.77	1.71	0.71	0.41	1.52	0	0	0
研究区	0	0.71	568.96	3	耕地-牧草地-林地	243.05							

3.2.1　土地利用总体组合特征分析

不同土地利用类型，彼此之间相互联系，共同组合形成一定的布局形式[108、109]，其集中程度及多样化状况在自然和社会经济条件的共同作用下具有不同的格局。

3.2.1.1　土地利用多样化分析

研究区土地利用多样化指数平均值为 0.71，接近多样化指数理论最大值 0.86，但所辖各村社区多样化指数值分布范围较广，介于 0~0.77之间（表 3-5），其中高多样化区的村社区包括 16 个，占研究区村社区总数的 30%；中高多样化区的村社区包括 25 个，占 46%；中低多样化区的村社区包括 11 个，占 20%；低多样化区的村社区包括 2 个，占 4%，这说明研究区各村社区多样化指数之间具有较大的差异性［彩图 3-3（a）］，土地利用类型多样化程度总体处于中等偏上的状态。

3.2.1.2　土地利用集中化分析

研究区各村社区集中化指数分布范围广，介于−0.33~1 之间，其中低集中化区的村社区包括 8 个，占研究区村社区总数的 15%，中低集中化区的村社区包括 24 个，占 44%，中高集中化区的村社区包括 20 个，占 37%，集中化指数最大的高集中化区的村社区有 2 个，占 4%［彩图 3-3（b）］，说明研究区各村社区土地利用集中化程度存在较大差异，集中化程度总体上呈现为中等偏下的状态。

3.2.1.3　地类组合类型分析

研究区土地组合类型数为 3，包括耕地、林地和牧草地等地类（表 3-5）。从单个村（社区）情况来看，团结路社区和文北路社区土地利用组合类型数最小仅为 1，只有居民点用地，土地利用类型齐全度最低；文南路社区、南梁路社区、解放路社区和和平路社区土地利用组合类型数为 4 且最多，但 4 个社区土地利用的组合类型不尽相同，其中文南路社区和南梁路社区土地利用组合类型构成包括耕地、牧草地、居民点用地和林地，和平路社区包括林地、水域、耕地和牧草地，解放路社区包括耕地、林地、居民点用地和未利用土地，土地利用类型齐全度最高。研究区 37%［20 个村（社区）］的村（社区）组合类型数为 2，其中杨油房、席边河、吉生太和堂村村 4 个村为耕地和牧草地组合；乌兰路、卫井路 2 个社区为耕地和居民点用地组合；广场路社区为居民点用地和林地组合，其他的均为耕地和林地组合类型。52% [28 个村（社区）] 的村（社区）组合类型数为 3，其中除王府路社区和体育路社区地类组合类型为林地、耕地和居民点用地外，其他村（社区）地类组合类型均为耕地、林地和牧草地。

从土地利用的二级地类结构看林地主要以灌木林地为主，灌木林地约占林地总面积的 90% 以上（彩图 3-2）。空间分布上，旗政府所在地乌兰花镇所辖的文北路和团结路社区及南梁路、文南路、和平路和解放路社区分别集中了最单一和最齐全的土地利用组合类型，以此为中心向南和向北延伸分布的村（社区）基本形成了中部 2 种地类组合类型区域，由此向东西分别对称分布了南北向延伸的 2 个条带状 3 种地类组合类型区域，该区域外侧又呈现出对称分布的 2 种地类组合类型区域 [彩图 3-3 (c)]。

3.2.1.4 土地利用总体组合特征

研究区土地利用高多样化区内，多样化指数大于等于研究区平均水平的村（社区）有和平路社区、南梁路社区、解放路社区、中号村、文南路社区、东卜子村、英土村和吉生太村，其多样化指数依次为 0.77、0.76、0.75、0.72、0.72、0.71、0.71 和 0.71。而这 8 个村（社区）中除英土村 (0.02) 之外，其他 7 个村（社区）土地利用集中化指数较小，小于或等于 0，依次为 −0.33、−0.26、−0.17、−0.08、0、−0.01 和 −0.01，属于低集中化区；多样化指数小于研究区平均水平的村（社区）主要有公合成村、哈拉圪那村、闪丹村、毛独亥村、郑家滩村、大黑河村、土城子村和生盖营村，其土地利用集中化指数较小，小于或等于 0.11，属于中低集中化区。相应的高多样化区内土地利用组合类型数除吉生太村和土城子村外，主要为 4 或 3；属于旗政府所在地乌兰花镇的团结路社区和文北路社区土地利用多样化指数最小为 0，为低多样化区，相应的土地利用集中化指数却最大，为高集中化区，只有居民点用地 1 种土地利用类型；其余村（社区）分属于中高、中低多样化区和中低、中高集中化区，土地利用组合类型数为 2 或 3 [彩图 3-3 (a)～(c)]。

3.2.2 土地利用程度分析

土地利用程度主要反映土地利用的广度和深度，它不仅反映自然条件对土地利用的制约，同时也反映了人类活动对土地生态系统的影响程度[109、110]。研究区土地利用程度最高的是团结路社区和文北路社区，综合指数值为400，土地利用类型只有居民点用地一种地类且全部为城镇居民点用地；其次为卫井路社区、广场路社区、乌兰路社区和体育路社区，土地利用程度综合指数依次为326.9、318.74、305.2和295.3，从土地利用二级地类分析，乌兰路社区、卫井路社区和体育路社区土地用途以耕地和城镇居民点用地为主、广场路社区以灌木林用地和城镇居民点用地为主，这些社区由于位于四子王旗政府所在地乌兰花镇，土地开发利用及对土地的投入水平较高，所以土地集约利用程度也相对较高。研究区土地利用程度综合指数平均值为243.05，各村（社区）综合指数值介于213.83～400之间（表3-5），65％的村（社区）土地利用程度综合指数大于研究区平均水平，说明该区土地利用程度总体水平较高，这与所选择的研究区域为该旗主要的农业生产区的现状相吻合。

3.2.3 土地利用结构区位意义分析

通过区位指数可综合反映各种土地利用类型的相对聚集程度。研究区各类用地在各村（社区）的区位意义不尽相同（表3-5）。耕地区位意义显著的村（社区）共有27个，其中麻黄洼村、苏木加力格村、大青河村、阿力善图村、乌兰路社区、四十顷地村、巨巾号村、韭菜滩村、海卜子村、大新地村、巨龙太村和六恓牛村12个村（社区）区位意义最显著，区位指数大于等于1.33，耕地所占比例在50％以上（表3-3）；其他15个村（社区）区位意义较显著，耕地比例在38％～50％之间（表3-3）。林地具有区位意义的村（社区）共27个，区位指数大于1，占到研究区村（社区）总数的50％，另有9个村（社区）的区位指数介于0.9～1之间，林地主要以旗政府所在地乌兰花镇为中心向东南、东北、西南和西北延伸分布（彩图3-2），林地构成以灌木林地为主，这与该旗从2000年开始实施大面积退耕还林工程的过程中，主要以种植柠条等灌木树种有关。

牧草地具有区位意义的村（社区）共有 14 个，其中堂村村、活佛滩村、席边河村、糖坊卜子村、三合泉村、吉生太村、哈拉圪那村、东玻璃村、毛独亥村牧草地所占比例相对较大，牧草地比例在 35%～65%之间。居民点用地在 32 个村（社区）具有区位意义，其中富强路社区、解放路社区、文南路社区、王府路社区、南梁路社区、乌兰路社区、体育路社区、卫井路社区、广场路社区、文北路社区和团结路社区的居民点用地区位意义最显著，区位指数均大于 2 且居民点用地所占比例均超过 10%，这与这 11 个社区位于四子王旗旗政府所在地乌兰花镇而具有较优越的区位条件有关。水利设施用地区位意义最显著的是和平路社区，因乌兰花水库的存在而水域及水利设施用地所占比例最高，区位意义较显著的有腮忽洞村、土城子村、英土村、大新地村、东卜子村和活佛滩村。杨油房村和席边河村工矿仓储用地区位意义最显著，这与近些年来不规范开采的小型工矿用地逐年增加有关。未利用土地具有区位意义的村（社区）共有 17 个，由于土地盐碱化较严重，解放路社区未利用土地区位指数最大，达到了6.33，区位意义最突出，其次吉生太村和堂村村区位指数分别为 3.51 和2.98，区位意义也较突出，主要与这 2 个村裸岩、裸土地和盐碱地所占比例相对较大有关，其余 14 个村（社区）也具有一定的区位意义，有一定的开发利用潜力。

3.3　土地利用时空变化分析

土地利用是人类通过一定的活动，利用土地性能满足自身需要的过程。随着人类社会的进步和经济的快速发展，土地的利用方式、利用程度和利用效果发生着不断地变化。因此，土地利用变化反映了土地资源的数量、质量及空间格局的变化。通过土地利用变化分析，可掌握区域土地利用时空变化的内在规律。

3.3.1　土地利用数量变化特征分析

区域土地利用的数量变化可从土地利用变化幅度和土地利用变化速度加以量化分析。

3.3.1.1 土地利用变化幅度

基于 1987 年和 2013 年遥感影像解译数据（表 3-2 和表 3-3），运用 GIS 技术对研究区两期土地利用图（彩图 3-1 和彩图 3-2）进行叠加分析，可得到研究区土地利用类型的转置矩阵（表 3-6）。

表 3-6 研究区 1987—2013 年土地利用类型转置矩阵

单位：hm²

土地类型	1987	耕地	林地	牧草地	居民点用地	工矿仓储用地	水域及水利设施用地	未利用土地	减少（－）
耕地	113 625.01	70 724.01	39 122.54	2 479.51	854.29	79.07	268.90	96.69	42 901.00
林地	9 284.96	3 138.65	3 941.63	1 447.84	80.48	0.00	329.20	347.16	5 343.33
牧草地	82 136.61	8 744.65	11 827.60	56 204.91	1 537.74	340.71	1 333.43	2 147.57	25 931.70
居民点用地	5 929.44	202.83	113.93	289.30	5 211.96	0.00	80.52	30.90	717.48
工矿仓储用地	16.21	0.00	0.00	0.00	0.00	16.21	0.00	0.00	0.00
水域及水利设施用地	2 854.57	132.87	22.68	0.00	17.28	0.00	2 678.82	2.93	175.76
未利用土地	5 114.59	283.56	507.50	1 282.22	35.56	9.70	301.15	2 694.89	2 419.70
增加（＋）		12 502.56	51 594.26	5 498.87	2 525.34	429.48	2 313.21	2 625.24	77 488.96
2013	218 961.38	83 226.57	55 535.88	61 703.78	7 737.30	445.68	4 992.03	5 320.13	

1987—2013 年间，研究区 7 个一级地类，面积均发生了不同程度的变化，面积减少的地类有耕地和牧草地，面积显著增加的地类有林地、工矿仓储用地、水域及水利设施用地和居民点用地，未利用地面积虽有增加但变化不突出（表 3-6）。耕地面积净减少 30 398.45hm²，其中退耕还林 39 122.54hm²、退耕还草 2 479.51hm²、城镇扩张占用耕地 854.29hm²、工矿仓储用地占用耕地 79.07hm²、水域及水利设施用地占用 268.9hm²、耕地退化 96.69hm²；期间耕地增加 12 502.56hm²，其中开垦林地和草地

3 138.65hm² 和 8 744.65hm²、农村居民点及水利设施用地整理恢复耕地 202.83hm² 和 132.87hm²、开发未利用地 283.56hm²，经过增减平衡后耕地整体呈现为减少的趋势，至 2013 年耕地减少为 83 226.57hm²。牧草地面积净减少 20 432.82hm²，其中开垦草地 8 744.65hm²、林地占用牧草地 11 827.60hm²、城镇及农村居民点的向外扩张占用草地 1 537.74hm²、工业采矿占用草地 340.71hm²、水域及水利设施用地占用 1 360.92hm²、草地退化 2 147.57hm²；期间由于耕地和林地退化、农村居民点整理及未利用土地的开发，牧草地共增加 5 498.87hm²，增减抵消后，到 2013 年牧草地减少至 61 703.78hm²，出现了减少的态势。林地 27 年间虽然由于林地开垦退化、城镇和农村居民点扩建及水利设施用地占用部分林地而面积有所减少，但随着全旗森林生态体系的建设完善，林地面积显著增加，到 2013 年林地面积增加至 55 535.88hm²。随着全国城镇化进程的不断推进和社会主义新农村牧区建设重大决策的逐步实施，27 年间研究区居民点用地增加较快，由 1987 年的 5 929.44hm²，增加得到了 2013 年的 7 737.30hm²。依托矿产资源和工业经济结构调整，工矿企业得到快速发展，从而使得工矿仓储用地在 27 年间发生了极快的增长，由 1987 年的 16.21hm² 增加到了 2013 年的 445.68hm²，成为在各类用地中面积增加最快的一个地类。随着农田水利基础设施的逐步建立完善，水域及水利设施用地增长较快，27 年间净增加 2 137.46hm²，到 2013 年增加至 4 992.03hm²。未利用土地总面积变化虽然较小，但在研究期间增减幅度较大，其中耕地、林地和牧草地等农业用地退化增加的未利用土地面积达到 2 591.42hm²、废弃居民点用地 80.52hm²、水域及水利设施用地变为未利用土地 2.93hm²，同时未利用土地大面积开发为耕地、林地和牧草地面积合计为 2 073.28hm²，开发为居民点用地、工矿仓储用地和水域及水利设施用地分别为 35.56hm²、9.70hm² 和 301.15hm²，经过增减平衡，到 2013 年面积少量增加至 5 320.13hm²。

3.3.1.2 土地利用变化速度

利用 1987 年和 2013 年遥感影像解译数据（表 3－2 和表 3－3）和土地利用变化相关模型［公式（3.5）～（3.8）］计算获得研究区二十多年间土地利用动态变化相关指标（表 3－7）。

表 3 - 7 研究区 1987—2013 年土地利用类型动态变化指标

项　　目	耕地	林地	牧草地	居民点用地	工矿仓储用地	水域及水利设施用地	未利用土地
转出面积（hm²）	42 901.00	5 343.33	25 931.70	717.48	0.00	175.76	2 419.70
转入面积（hm²）	12 502.56	51 594.26	5 498.87	2 525.34	429.48	2 313.21	2 625.24
转出速度（%）	1.45	2.21	1.21	0.47	0.00	0.24	1.82
转入速度（%）	0.42	21.37	0.26	1.64	101.93	3.12	1.97
综合动态度（%）	1.88	23.59	1.47	2.10	101.93	3.35	3.79
状态指数	−0.55	0.81	−0.65	0.56	1.00	0.86	0.04

1987—2013 年间，研究区土地利用类型均有不同程度的变化（表 3 - 7）。土地利用类型的转出速度由大到小依次为林地、未利用土地、耕地、牧草地、居民点用地、水域及水利设施用地、工矿仓储用地；土地利用类型的转入速度由大到小依次为工矿仓储用地、林地、水域及水利设施用地、未利用土地、居民点用地、耕地、牧草地；土地利用类型的综合动态度由大到小的顺序是工矿仓储用地、林地、未利用土地、水域及水利设施用地、居民点用地、耕地、牧草地。由以上排序可见，研究区土地利用类型变化都较大，其中工矿仓储用地和林地变化最为活跃，综合动态度分别为101.93 和 23.9，其状态指数为 1 或接近 1，转入速度远大于转出速度，面积处于大量增加的状态；其次水域及水利设施用地的变化也较显著，综合动态度为 3.39，状态指数为 0.86，转入速度大于转出速度，面积大量增加；未利用土地综合动态度为 3.95，但状态指数为 0.04 接近 0，转入速度略大于转出速度，处于双向高速转换下的平衡状态；居民点用地综合动态度为 2.1，状态指数为 0.56，转入速度大于转出速度，具有规模增大的趋势；耕地和牧草地综合动态度分别为 1.88 和 1.47，状态指数分别为−0.55 和−0.65，转入速度小于转出速度，面积具有规模减小的趋势。

3.3.2　土地利用空间变化特征分析

土地利用类型转换及空间分布特征分析是研究土地利用变化的重要内容，也是土地利用变化驱动因素分析的基础。二十多年内土地利用类型中除工矿仓储用地无转出之外，其他各地类之间的相互转入转出较活跃（彩图 3-1 和彩图 3-2），未发生地类转换的土地面积占土地总面积的64.6%，已发生地类转换的土地面积占土地总面积的 35.4%，研究区土地利用类型的空间变化特征为：1987 年草地主要分布在东南山丘地、西北和西部地区，林地主要零星分布在塔布河及其支流沿岸，耕地从中部向东南、东北及西北与草地相间分布，城镇居民点用地主要集中在乌兰花镇周围，工矿用地极少。2013 年城镇用地在原有基础上向外有了显著的扩张，草地集中分布在东部和西南山丘地，原来沿塔布河沿岸分布的林地基本被草地所取代，林地特别是灌木林地大面积增加，耕地在塔布河以东和西南山坡地少量分布且与草地相间分布，在东南、东北、西北和以城镇用地为中心的中部地带分布较多且与灌木林地和草地相间分布，随着人类不规则开采活动的加剧，工矿用地显著增加且以斑点状分布在草地和耕地中间。比较两期土地利用结构空间分布特点，1987 年两个主要用地类型耕地和草地在空间上形成相间分布的格局，2013 年随着国家"三北"防护林工程、退耕还林工程和治沙工程的开展，在"生态立旗"可持续发展战略下，采取人工造林和封山育林等措施，建立的森林生态体系对增加地表绿地覆盖度和减少草原生态系统非生产性输出方面产生了一定的成效，林地特别是灌木林地大幅度增加，主要用地类型由两种用地增加为耕地、灌木林地和草地三种用地类型，在空间布局上形成耕地、灌木林地和草地相间分布的格局，基本上呈现出不同大小的耕地外围分布有灌木林地或草地，耕地与耕地之间少有大片相连的情况，说明脆弱草原农牧交错区的人类农业生产活动在一定程度上也重视了生态环境的保护与土地的可持续利用。

3.4 土地利用变化的驱动因素分析

驱动力研究是土地利用变化研究的核心内容之一，驱动力是指导致土地利用方式和目的发生变化的主要生物物理因素和社会经济因素，是土地利用变化的动力因素[58]，包括自然驱动力和社会驱动力。地形地貌、气候、土壤、水文被认为是主要的自然驱动力；社会驱动力分为直接因素和间接因素，其中间接因素包括人口变化、技术发展、经济增长、政治经济、富裕程度和价值取向 6 个方面；直接因素包括对土地产品的需求、对土地的投入、城市化程度、土地利用的集约化程度、土地权属、土地利用政策及土地资源保护的态度等[58]。在自然驱动力中地形地貌和河网布局等因素是形成土地利用结构的基础[111]，在短期内对土地利用变化的影响比较小且不显著，但降水量的年际变化对地处脆弱草原带农牧交错区的土地利用影响非常明显。而人口变化、村镇建设、产业布局和土地利用政策等人文因素在短期内对土地利用变化的影响非常明显，因此本书主要选取降水量、人口变化、产业布局和土地利用政策等因素，对土地利用变化的驱动因子加以分析。

3.4.1　降水量变化

研究区位于乌兰察布丘陵西南部半干旱草原带，地势东南高西北低，海拔高度在 1 350～2 100m 之间，相对高差 750m，其北侧紧挨着内蒙古荒漠草原，为典型的脆弱草原带农牧交错区。气候属中温带大陆性季风气候，年平均气温 1～4℃，气温平均日较差 13～14℃，年平均降水量 250～350mm。降水量各年份之间的变化较大，近 15 年来，年平均降水量呈现出波动变化的态势（图 3-1），其中最大年份 2003 年降水量达到 470mm以上，最小年份 2005 年只有 178mm，整体上表现出减少的趋势。长期以来受降水波动变化的影响，草地和耕地之间频繁转换，土地利用结构较不稳定。

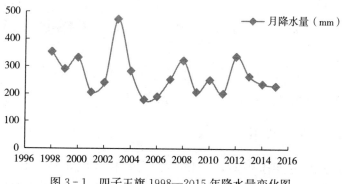

图 3-1　四子王旗 1998—2015 年降水量变化图

3.4.2 人口变化

人口是社会因素中最灵活最主要的因素。研究区所在的四子王旗人口数量一直以来呈现为缓慢增长的态势，1990 年为 20.2 万人[112]、1999 年为 21.1 万人[112]、2008 年为 21.4 万人[113]、2014 年为 24 万人[114]。人口的增长导致"吃、住"两种直接需求增加的同时，带来的间接需求是对耕地和居住用地的需求。从研究区近 27 年的土地利用变化来看，城镇居民点用地和农村居民点用地分别由 1987 年的 428.61hm^2 和 5 500.83hm^2 增加到 2013 年的 980.09hm^2 和 6 757.21hm^2，居民点用地土地利用状态指数为 0.56（表 3-7），呈现出规模增大的趋势。耕地总量 27 年来受国家生态保护和退耕还林等相关政策的影响虽然有所减少，但在土地利用结构中所占比例仍最高，为 38.01%。耕地经营方面，随着地区经济的发展和科技水平的提高，逐步走上了现代农业的轨道，每年在春耕备耕之时，因地制宜地进行农耕技术培训的同时，选派科技人员到田间地头进行地膜覆盖、膜下滴灌、水肥一体化、模式化栽培、病虫害综合防治等技术推广服务，从而为科学种田，实现农业增效农民增收创建了基本条件。因此耕地利用中，虽然耕地数量有所减少，但耕地质量却得到了提高。居民点用地面积的持续增加，受人口增加导致的直接需求影响的同时，也与国家社会主义新农村牧区建设重大决定的逐步实施有密切的联系。国家《"十一五"规划纲要》共分为 14 篇，其中第二篇的题目即为《建设社会主义新农村》，并在相关条款中明确指出"促进城乡区域协调发展，全面建设小康社会的难点在农村和西部地区。要从社会主义现代化建设全局出发，统筹城乡区域发展，推进社会主义新农村建设，促进城镇化健康发展。"

因此，人口的迅速增长导致的直接需求，必然会带来相应用地类型需求量的增加，这也是土地利用变化的原因之一。

3.4.3 产业结构变化

研究区所在的四子王旗，1949 年没有规模化的工业，1958 年以后，逐步创办了部分中小型产业，1978 年以后，全旗工业有了长足的发展，初步形成了比较独立、完整的民族工业体系。1995 年以后，经过工业体制改革，工业门类和工业产品实现了重大调整。1999 年，全旗工业总产值达到 1.083 8 亿元。2000 年国家西部大开发战略逐步实施，大量工程建设资金投向内蒙古自治区，使得内蒙古经济发展进程不断加快，在"全国能源基地"的定位下，矿产资源开发成为内蒙古经济崛起至关重要的支撑力量。受国家政策引导和依托自身矿产资源优势，四子王旗三次产业结构由 2000 年的 57∶18.9∶24.1[115]调整至 2012 年的 27∶40∶33[116]，产业结构进一步优化，工业经济和现代服务业发展较快，其中第二产业在三大产业中的比例显著提高。从研究区近 27 年的土地利用变化情况来看，工矿仓储用地比例明显增加，由 1987 年的 0.01％增加到 2013 年的 0.2％，在土地利用 7 个类型中转入速度最大，为 101.93％（表 3 - 7），面积处于大量增加的状态。

因此产业结构的调整，必然会带来相关用地类型的相应变化。

3.4.4 土地利用政策的影响

随着国家"三北"防护林工程的实施，四子王旗作为京津唐绿色生态屏障的第一道防线，从 1994 年开始在国家没有补贴的情况下，开始实施了退耕种树种草工程，到 2000 年规划实施了两条南北走向长 100km 的防风固沙与水土保持林草带，3 条东西走向宽 50km 的灌丛林草带，即"两带三线"工程。2000 年开始，随着国家京津唐风沙源治理工程，其中包括了退耕还林工程的全面实施，四子王旗的生态建设得到了更快的发展。通过人工造林和封山育林等措施重建的灌丛林生态系统对增加地表绿地覆盖度和减少草原生态系统非生产性输出方面起到了一定的作用。从研究区 1987—2013 年的土地利用变化来看，耕地、林地和草地面积比例相对较大的 3 种主要用地类型，其比例结构由 1987 年的 1∶0.08∶0.72 变为2013 年 1∶0.67∶0.74，林地面积大幅度增加，其中灌木林地占到了林地比例的 90％以上，林地增加的主要来源为退耕还林和草地种树，27 年间退耕还林面积 39 122.54hm²、草地种树面积 11 827.6hm²（表 3 - 6）。从土地利用动态变化速度来看林地状态指数为 0.86，转入速度远大于转出速度（表 3 - 7）。

因此，相关土地利用政策的实施，对土地利用结构的变化有着非常明显的影响。

3.5 小结

（1）研究区 2013 年土地利用结构特征

土地利用多样化指数平均值为 0.71，所辖各村（社区）多样化指数介于 0～0.77 之间，土地利用类型多样化程度总体处于中等偏上水平；各村（社区）集中化指数介于 -0.33～1 之间，集中化程度总体呈现为中等偏下的状态；土地组合类型相对较丰富，半数以上的村（社区）地类组合类型以耕地-林地-牧草地为主，37% 的村（社区）以耕地-林地为主，空间分布上基本形成了一个集最单一和最齐全组合类型的中心区域和以此为中心的 3 条南北带状分布区域及最外侧对称分布的 2 个地段，在这些不同区域和地段内耕地、林地和牧草地呈现出相间分布的特点；土地利用程度综合指数平均值为 243.05，各村（社区）综合指数值介于 213.83～400 之间，土地利用程度总体水平较高；受地形、海拔及人类生产投入水平的影响，各类用地在各村（社区）的区位意义不尽相同，其中耕地和林地区位意义相对较突出，而对半干旱草原地区来说，牧草地区位意义并不突出。据此，脆弱草原带农牧交错区的土地利用，在完善灌丛林生态体系的同时加强牧草地保护和农田基本建设是确保草原生态安全和经济稳定发展的必然选择。

（2）研究区土地利用变化特点

1987—2013 年间，7 个一级地类面积均发生了不同程度的变化，面积减少的地类有耕地和牧草地，面积显著增加的地类有林地、工矿仓储用地、水域及水利设施用地和居民点用地，未利用地面积虽有增加但变化不突出；土地利用类型均有不同程度的变化，转入速度大于转出速度的地类，由大到小依次为工矿仓储用地、林地、水域及水利设施用地、居民点用地、未利用地，其中工矿仓储用地和林地变化最为活跃，面积处于大量增加的状态；水域及水利设施用地面积大量增加；居民点用地面积变化状况具有规模增大的趋势；未利用土地处于双向高速转换下的平衡状态；耕地和草地转入速度小于转出速度，面积具有规模减小的趋势。

（3）研究区土地利用类型的空间变化特点

1987年草地主要分布在东南山丘地、西北和西部地区，林地主要零星分布在塔布河及其支流沿岸，耕地从中部向东南、东北及西北与草地相间分布，城镇居民点用地主要集中在乌兰花镇周围，工矿用地极少。2013年城镇用地在原有基础上向外有了显著的扩张，草地集中分布在东部和西南山丘地，原来沿塔布河沿岸分布的林地基本被草地所取代，林地特别是灌木林地大面积增加，耕地在塔布河以东和西南山坡地少量分布且与草地相间分布，在东南、东北、西北和以城镇用地为中心的中部地带分布较多且与灌木林地和草地相间分布，随着人类不规则开采活动的加剧，工矿用地以斑点状分布在草地和耕地中间。比较两期土地利用结构空间分布特点，1987年主要用地类型以耕地和草地为主，在空间上形成相间分布的格局，2013年主要地类以耕地、灌木林地和草地为主，在空间布局上形成耕地、灌木林地和草地相间分布的格局，基本上呈现出不同大小的耕地外围分布有灌木林地或草地，耕地与耕地之间少有大片相连的情况，说明脆弱草原农牧交错区的人类农业生产活动在一定程度上也重视了生态环境的保护与土地的可持续利用。

（4）导致土地利用变化的主要驱动因素

降水量、人口变化、产业布局和土地利用政策等是导致土地利用变化的主要驱动因素。

4　土壤质量时空变化特征分析

　　土壤质量是土壤特性的综合反映，作为揭示土壤条件动态变化的敏感指标，土壤质量的变化能够直接反映人类活动对土壤的影响，这在人口、资源、生态和粮食矛盾日益加剧的今天具有重要的意义。土壤质量是土壤生态界面内维持植物生产力、保障环境质量、促进动物与人类健康行为的能力[117]。土壤质量演变规律、调控机理和评价理论是土壤质量基础研究的核心[118]，其中土壤质量定量评价涉及土壤物理、化学和生物学指标[119]。土壤作为一种有生命的动态资源，土壤质量也具有时空动态变化的特征[120-122]。由于受自然条件和人类土地利用活动的综合影响，使得土壤性质在同一时刻，不仅随空间位置的不同具有较强的空间异质性，即使在相邻位置也会产生较大的差异[123-127]，土壤性质空间异质性研究，对于准确掌握土壤质量时空分布规律、探究人类土地利用活动与土壤质量之间耦合机理具有重要意义。空间插值技术作为一种利用已知空间数据推求同一区域未知空间数据值的有效手段[143]，在土壤性质异质性研究中得到了广泛的应用[128、130、135、136]，其插值方法有反距离权重插值[129]、样条函数插值[130、131]、自然领域法插值[132]、趋势面法插值[133、134]和克里金插值[135-137]等，这些方法主要是基于几何特征或线性加权的方式进行研究，其基本假设是认为地理空间具有平稳性，是空间均质的[138]，这不仅不符合地理系统复杂性[139、140]的特点，在实际应用中解决具体问题时，也表现出不同的局限性[141、142]。20世纪80年代以来，随着人工神经网络技术的迅速发展，神经网络模型，借助其自身能建立一个非线性隐层的前馈网络且具有较高精度的优点，在探索复杂系统非线性问题时显示出了较强的优势，特别有利于对土壤属性进行准确插值及对土壤性质空间异质性的直观表达。径向基函数（Radial Basis Function, RBF）神经网络作为人工神经网络模型之一，它是一种具有单隐层的3层前馈网络，能以任意精度逼近任意连续函数，是一种较理想的非线性计算工具。基于径向基函数神经网络的土壤养分[144、145、138]和土壤盐分[146,147]空间分布、土壤水分预测[148-151]和土壤侵蚀模型预测[152,153]、土壤重金属污染评价[154-159]及土壤质量[160]空间变异等研究都较好地反映了相应研究区域的对应内容。研究区位于四子王旗中部乌兰察布丘陵区西南,是典型的生态环境较脆弱的半干旱草原带,长期以来受降水量因素的制约,草地和耕地之间频繁转换,土地利用结构较不稳定,土地利用变化较频繁。土地用途之间的这种频繁转换对土壤质量也会产生不同程度的影响。因此,本章通过野外调查、采样分析及资料收集,以径向基函数(RBF)法为主要空间插值手段,探讨研究区27年来土壤质量时间动态变化特征与空间分异规律。

4.1 数据准备

4.1.1 图件准备

研究区1∶10 000地形图、全旗土壤分布数字地图、研究区土壤采样点分布图、1987年和2013年遥感影像解释土地利用图。

4.1.2 野外采样

研究区土壤普查数据属于全国第二次土壤普查工作的汇总成果。四子王旗于1981年6月开始土壤普查工作,到1983年9月完成全部野外调绘工作,到1984年10月完成内业汇总工作。因此1987年的土壤数据是全国第二次土壤普查的数据,共有40个第二次土壤普查样点,其中因交通条件限制和样点位置描述不清等原因剔除了2个样点,所以本研究中具体所用样点共计38个,其中耕地25个、牧草地7个、林地4个、未利用土地(盐碱地)2个。2013年土壤野外采样是在1987年研究区第二次土壤普查样点基础上,根据各样点土壤普查成果中的位置描述,结合研究区7幅1∶10万国家基本比例尺地形图和Landsat影像,用GPS定位,于2013年7—8月配对采样38个样点,2013年10月根据研究需要补测样点24个,共计62个样点,其中耕地21个、牧草地18个、林地21个、未利用土地(盐碱地)2个。研究区涉及的土壤类型有栗钙土、灰褐土、草甸土和盐土。野外取样时,用铁铲挖25cm深度后,用小铲刮去坑壁表面1~5cm的土后取0~20cm的表层土样;每个样品,以定位点为中心向四个方向分别取 1 个样点，共形成 5 个子样，剔除土壤中植物根系及石块等杂物后充分混合，装入预备的塑料袋中，贴上土壤标签，注明土壤编号，之后再套一个塑料袋，袋外同样贴上写有土壤编号的标签；土样带回室内置于通风良好的地方自然风干，然后磨细，过 2mm 的细筛，充分混合后，利用四分法将土样分成两部分，分别用于土壤属性理化分析。在采样的同时记录每个采样点地貌特征、高程及土地利用情况。两期土壤采样点分布见彩图 4-1 和彩图 4-2。

4.1.3 实验室分析

实验室内对采回的土样测定其土壤物理性黏粒含量、有机质、全氮、全磷、全钾和 pH 6 个指标，每个指标的测定方法采用与 1984 年相同的方法，见表 4-1。

表 4-1 土壤理化性质的测定

理化性质	测定方法	分析仪器	方法来源
物理性黏粒	甲种比重计法	甲种比重计、三角瓶、温度计、土壤筛、搅拌棒等	土壤地理实验实习
有机质	高温外热重铬酸钾氧化-容量法	调温电沙浴	土壤学实验指导
全氮	开氏消煮法	开氏瓶	土壤学实验指导
全磷	酸溶-钼锑抗比色法	光度比色计	土壤学实验指导
全钾	氢氟酸-高氯酸消煮法	火焰光度计	土壤学实验指导
pH	电位法	pH 酸度计、玻璃电极、饱和甘汞电极	土壤学实验指导

4.1.4 土壤数据库的建立

研究区 1987 年土壤剖面点分布图是根据全国第二次土壤普查资料中各采样点位置描述信息，结合遥感影像确定其位置并生成 ArgGIS 文件，建立相应的土壤质量数据库；2013 年土壤剖面点分布图是根据土壤采样点的 GPS 值生成并建立土壤质量数据库。

4.2 研究方法

4.2.1 土壤质量指标的统计特征分析

传统统计分析可以概括土壤特性的全貌，在一定程度上反映样本的全体。样本（x_i）的集中性特征可用算术平均值（$\overline{X}$）表示，抽样样本的异质性程度可用标准差（σ）和变异系数（c_v）表示，其表达式为：

$$\overline{X} = \frac{\sum_{i=1}^{n} X_i}{n} \quad (i=1, 2, \cdots, n \text{ 为样本数}) \qquad (4.1)$$

$$\sigma = \sqrt{\frac{\sum x_i}{n} - \overline{X}^2} \qquad (4.2)$$

$$c_v = \frac{\sigma}{\overline{X}} \times 100\% \qquad (4.3)$$

4.2.2 土壤质量指标的空间变化分析

径向基函数（Radial Basis Function，RBF）神经网络是由 Moody 和 Darken 于 20 世纪 80 年代末提出的。它是以函数逼近理论为基础，由输入层、隐含层和输出层组成的 3 层前向式网络，具有全局逼近性质和最佳逼近性能的[161、162]较理想的非线性计算工具。

径向基函数插值法如同将一个橡胶膜插入并经过各个已知样点，同时又使表面的总曲率最小[163]，其优点是不需要有关样本数据的任何假设，作为一种精确的插值技术，径向基函数包括平面样条函数、张力样条函数、规则样条函数、多元二次曲面函数和反高次曲面样条函数等 5 个精确的插值方法。其中具有代表性的是多元二次曲面函数（Multi Quadric Function），该函数具有指数收敛性且计算效率高[164]的优点。

本书借助 ArcGIS 的地统计分析功能，选用径向基函数的多元二次曲面插值法对土壤质量各指标进行插值分析，插值参数设置为搜索半径临近 15 个点，最少 10 个点。对 1987 年的 38 个土壤样本全部作为插值训练样本，2013 年的 62 个土壤样本中随机选取 10 个样本作为检查样本，其余 52 个作为训练样本进行各指标值的空间插值。空间插值精度评价中常用的误差统计指标有平均误差（ME）、平均绝对误差（MAE）、平均相对误差（MRE）和均方根误差（RMSE），其中 ME 越接近于 0，插值误差越小；其他指标值越小，插值精度越高。根据实际情况，选用 ME 和 RMSE 对研究区两期土壤质量指标空间插值结果进行精度评价（表 4-2），分析评价结果，两期相对土壤质量指数和物理性黏粒含量空间插值的 RMSE 相对较高外，其他各指标值的空间插值精度都比较好。

表 4-2　研究区 1987 年和 2013 年土壤指标值插值误差统计结果

土壤指标		物理性黏粒含量（%）		有机质（%）		全氮（%）		全磷（%）	
误差统计指标		1987	2013	1987	2013	1987	2013	1987	2013
插值样本	ME	−0.471	0.150	−0.031	0.011	−0.002	−0.006	−0.002	−0.001
	RMSE	11.220	10.400	0.798	1.119	0.046	0.058	0.040	0.013
检测样本	ME	—	1.653	—	0.000	—	0.034	—	0.004
	RMSE	—	5.725	—	0.000	—	0.060	—	0.011

土壤指标		全钾（%）		pH		相对土壤质量指数	
误差统计指标		1987	2013	1987	2013	1987	2013
插值样本	ME	0.002	0.017	−0.013	0.002	0.181	−0.810
	RMSE	0.293	0.366	0.354	0.476	20.060	14.590
检测样本	ME	—	0.144	—	0.134	—	5.728
	RMSE	—	0.555	—	0.304	—	14.990

4.2.3　土壤质量的定量评价

本研究采用相对土壤质量指数法，评价土壤质量的变化。该方法首先假设研究区有一种理想土壤，其各项评价指标都能满足植物正常生长需要，以这种土壤的质量指数为标准，其他土壤的质量指数与之相比，得出对应土壤的相对质量指数，定量表示评价土壤的质量与理想土壤质量的差距，从而揭示评价土壤的质量状况[165]，具体评价步骤是：

（1）土壤质量指标的选择及指标值的确定

土壤质量是土壤许多物理、化学和生物学性质以及形成这些性质的一些重要过程的综合体，而土壤肥力是土壤质量的主要构成[166]，基于此，本书根据研究区土壤属性特点和各属性指标在土壤质量构成中的贡献及参考国内同行专家关于土壤肥力质量评价中所采用的指标体系[166]、研究区1987年土壤普查中所涉及的土壤指标和土壤性质的敏感易变性[167]等特点的基础上，选取物理性黏粒、有机质、全氮、全磷、全钾和pH 6个指标作为土壤质量评价因子。在此有必要予以说明的是，土壤质量评价因子除了上述与土壤肥力有关的因子之外还应包括重金属含量等方面的其他因子，但实际情况是本书动态研究中的重要基础数据即基础年份土壤普查数据没有重金属含量等方面的实地调查资料，因此从基期年与目标年数据对应性的角度考虑本书也未选取其他因子。

根据四子王旗第二次土壤普查养分分级标准及李绍良先生关于"内蒙古草原土壤退化评价指标的研究"，将土壤质量指标的数值划分为4个等级（Ⅰ、Ⅱ、Ⅲ、Ⅳ），Ⅰ级土壤质量最优，Ⅱ、Ⅲ级土壤质量限制程度依次增加，Ⅳ级土壤质量最差，每种指标Ⅰ、Ⅱ、Ⅲ、Ⅳ级的指数值分别以4、3、2、1表示，不同土壤质量指标等级划分范围值见表4-3。

表4-3 研究区土壤质量评价指标及权重和等级

评价指标	Ⅰ	Ⅱ	Ⅲ	Ⅳ	权重
物理性黏粒（%）	≥25	16~25	12~16	<12	24
有机质（%）	≥2.5	2~2.5	1.5~2	<1.5	23
全氮（%）	≥0.15	0.1~0.15	0.075~0.1	<0.075	20
全磷（%）	≥0.075	0.06~0.075	0.04~0.06	<0.04	13
全钾（%）	≥3.75	3.5~3.75	3.25~3.5	<3.25	11
pH	≤8.1	8.1~8.5	8.5~9.0	>9	9
相对土壤质量指数	≥75	60~75	45~60	<45	

注：各指标数值分级区间的分界点包含关系均为下（限）含上（限）不含，例如有机质Ⅱ级中，"2~2.5"表示"大于或等于2，且小于2.5的区间值"，其他类同。pH 8.1~8.5中包含8.5，pH 8.5~9.0中包含9.0。

（2）土壤质量指标权重的确定

各个土壤指标对土壤质量的贡献大小不一样，所以赋予每个指标不同的权重，本书根据研究区土壤属性特点和各属性指标在土壤质量构成中的贡献，参考相关资料[167-169]和有关专家的意见确定各参评指标权重值（W），权重值采用百分制，各指标权重相加之和为 100（表 4-3）。

（3）相对土壤质量指数的计算

首先计算土壤质量指数（SQI），计算公式：

$$SQI = \sum W_i I_i (i = 1, 2, \cdots, 6), \sum W_i = 100 \qquad (4.4)$$

式中，W_i 为各评价指标的权重，I_i 为评价指标等级分数（4、3、2、1）；SQI 的最大值 $SQI_m = 400$，是假设的理想土壤的质量指数，实际情况下，一般土壤很难达到这一数值。

其次计算相对土壤质量指数（RSQI），计算公式为：

$$RSQI = (SQI / SQI_m) \times 100 \qquad (4.5)$$

利用公式（4.4）和（4.5），在 GIS 支持下，计算每个土壤采样点的相对土壤质量指数，利用径向基函数插值法，估计未采样地区的土壤质量值，得到研究区 1987 年和 2013 年两个时期土壤质量数据和空间分布图，通过对两期土壤质量图的叠加分析，探究 27 年来土壤质量时空变异特征。

4.3　土壤质量各指标的时间变化

运用 SPSS 和 Excel 软件，完成研究区 1987 年和 2013 年土壤样品独立样本 t 检验和土壤数据统计分析（表 4-4、表 4-5）。

表 4-4　研究区土壤质量指标独立样本 t 检验结果

指标	方差方程的 Levene 检验		均值方程的 t 检验		
	F	Sig.	t	df	Sig.（双侧）
物理性黏粒	3.331	0.071	−2.026	94	0.046
			−1.886	55.388	0.065

（续）

指标	方差方程的 Levene 检验		均值方程的 t 检验		
	F	Sig.	t	df	Sig.（双侧）
有机质	0.006	0.936	−2.12	96	0.037
			−2.165	77.988	0.033
全氮	0.209	0.649	−2.173	98	0.032
			−2.225	84.368	0.029
全磷	49.275	0	8.104	91	0.000
			6.327	35.012	0.000
全钾	5.895	0.017	3.368	91	0.001
			3.835	83.462	0.000
pH	3.171	0.078	2.304	94	0.023
			2.494	84.334	0.015

表 4 - 5　研究区 1987 和 2013 年土壤质量指标统计特征值

指标	年份	样本数	极小值	极大值	均值	均值变化量	标准差	变异系数（%）	变异系数变化量
黏粒含量（%）	1987	34	5.83	45.18	17.856	3.548	9.498	53.19	−18.56
	2013	62	9.63	59.94	21.403		7.413	34.63	
有机质（%）	1987	36	0.58	4.11	1.405	0.349	0.746	53.10	−7.13
	2013	62	0.49	5.04	1.753		0.806	45.98	
全氮（%）	1987	38	0.04	0.23	0.090	0.020	0.043	47.44	−4.73
	2013	62	0.03	0.27	0.110		0.047	42.71	
全磷（%）	1987	31	0.03	0.14	0.077	−0.041	0.035	45.74	−5.39
	2013	62	0.01	0.08	0.035		0.014	40.35	
全钾（%）	1987	31	3.13	4.13	3.674	−0.214	0.216	5.89	3.48
	2013	62	2.69	4.05	3.460		0.324	9.36	
pH	1987	34	7.90	9.90	8.373	−0.193	0.323	3.85	1.34
	2013	62	7.36	10.24	8.180		0.425	5.19	

　　研究区 27 年来反映土壤质量状况的各指标平均值和变异系数都发生了较大变化，独立样本 t 检验结果表明（表 4 - 4），除物理性黏粒含量和

全钾之外，其他各指标的变化在 $P<0.05$ 的水平上显著。

27年来反映土壤质量的6个指标（表4-5）中，物理性黏粒含量、有机质和全氮含量平均值显著增加，分别增加了3.548%、0.349%和0.02%；全磷、全钾和pH平均值明显减少，分别减少了0.041%、0.214%和0.193。反映离散程度的变异系数27年来也发生了相应的变化，从研究区土壤质量指标的统计结果来看，物理性黏粒含量、有机质、全氮和全磷2013年变异系数较1987年均有所降低，分别降低了18.56%、7.13%、4.73%和5.39%；全钾和pH变异系数有所增加，全钾变异系数由1987年的5.89%增加到2013年的9.36%，pH变异系数由1987年的3.85%增加到2013年的5.19%。变异系数反映两个随机变量的相对波动程度，依据变异系数（c_v）的大小，一般认为为 $c_v \leqslant 10\%$ 弱变异、$10\% < c_v < 100\%$ 为中等变异、$c_v \geqslant 100\%$ 为强变异[170]。研究区两期全钾及土壤pH的变异系数小于10%，属于弱变异，其他各指标的两期变异系数均在 $10\% \sim 100\%$ 之间，属于中等变异，说明土壤质量的变化除了受土壤形成的自然条件影响之外，土地广度和深度利用对土壤质量产生了较大影响。

27年后土壤有机质含量由1987年的1.405%增加到2013年的1.753%、全氮由1987年的0.090%增加到2013年的0.110%，物理性黏粒含量由1987年的17.856%增加到2013年的21.403%。从本研究土地利用动态变化研究结果（表3-6、彩图3-1和彩图3-2）看，在土地利用类型结构中耕地、林地（主要为灌木林地）和牧草地等面积比例相对较大的3种主要用地类型变化最明显。随着国家"三北"防护林工程、退耕还林工程和治沙工程的逐项开展，27年间研究区林地面积有了大幅度的增加且主要以灌木林地为主，特别是2000年以来大面积柠条树种的种植使得灌木林地占到林地总面积的90%以上且退耕还林地占林地总面积的70.4%；牧草地由1987年的37.5%减少到2013年的28.2%，其中开垦草地、植树造林和草地退化，为草地减少的主要去向；耕地由1987年的51.9%减少到2013年的38%，退耕还林为耕地减少的主要去向。面积比例相对较大的3种主要用地类型耕地、林地和牧草地在空间分布上由1987年的耕地大面积集中连片分布及与草地相间分布的格局变化为 2013 年的不同大小的耕地外围分布有灌木林地或草地,耕地少有大片相连的分布格局,土地利用结构趋于合理。在耕地、林地和牧草地相间分布的空间格局中,使耕地外围形成了有效的草地-灌木林防护体系,草地灌木林的防护,可降低防护区内风速,使风积物质沉降在土壤表层,经过长时间的腐殖质化过程土壤有机质、全氮等养分含量明显提高,土壤物理性黏粒含量显著增加。而灌木林发达的根系及根系的固氮作用,不仅能增加灌木林地氮素的含量,同时也为周围草地提供了丰富的氮素,促进牧草的生长,从而提高了牧草地和灌木林地有机质和全氮的含量。

全磷含量由 1987 年的 0.077 降低到了 2013 年的 0.035。研究区退耕还林林主要以灌木柠条为主,柠条在 10 年左右的生长阶段对磷素消耗较快[171],耕地大面积退耕后,林地不再直接施用磷肥而减少了其来源,这些变化有可能是全磷减少的原因。

pH 由 1987 年的 8.37 降到了 2013 年的 8.18。土壤 pH 的下降,可能与农业生产中大量施用氮肥和磷肥有关。根据 2008—2009 年四子王旗农户施肥现状调查,大多数农户在农业生产中都以施用氮肥和磷肥为主,氮肥的施用量在 7.5~195kg/hm²,磷肥主要以基肥施用,施用量为 7.5~210kg/hm²[172],氮、磷肥特别是氮肥的长期大量施用,引起土壤溶液中硝化作用加强,导致土壤 pH 的降低。氮磷肥虽然只在耕地上施用,但由于耕地-林地-草地在空间上相邻分布的空间格局,其施肥效应有可能会对其他地类也产生间接效应,这与魏金明(2011)[173]和周纪东(2016)[174]的研究结果相似。因此氮磷肥的土壤酸化作用在脆弱草原农牧交错区长期的土地利用中也产生了明显的影响。刘仁涛(2012)[175]的研究结果表明,灌木林地大面积的增加后,由于灌木根系发达,主根入土深,在其生长发育过程中根系有机酸的分泌及微生物的相互作用均可能导致土壤 pH 下降,这与本文的研究结果相同,随着灌木林地面积的增加,土壤有机质含量明显增加,土壤腐殖质含量提高,从而使得土壤 pH 降低。

受成土母质的影响,全钾的平均值和变异系数变化都不大。

4.4　土壤质量各指标的空间变化

利用 ArgGIS 的地统计分析功能，选用径向基函数空间插值法，对研究区两个时期反映土壤质量状况的土壤属性指标进行空间插值，在此基础上，结合土壤质量各属性指标的分级标准（表 4-3），可获得研究区 1987 年和 2013 年土壤质量各指标分级图（彩图 4-1 至彩图 4-14）和分级面积统计表（表 4-6 至表 4-11）。

4.4.1　土壤物理性黏粒含量的变化

27 年后土壤物理性黏粒含量及空间分布变化较大（表 4-6、彩图 4-3、彩图 4-4）。1987 年物理性黏粒含量最少的区域出现在中北部的西北东南流向的塔布河北岸，长期开垦的耕地地区和西南端的南北流向的塔布河支流东岸长期开垦的耕地地带，土壤物理性黏粒含量小于 12%，所占面积比例也相对较少，只占到研究区总面积的 10.84%；以中北部物理性黏粒含量最小（小于 12%）区域为中心向西南、东北方向和西北、东南方向呈现出对称性地逐渐增加的趋势，其变化规律是由物理性黏粒含量小于 12% 的区域为中心，对称增加到物理性黏粒含量介于 12%~16% 的区域，由此继续对称增加至物理性黏粒含量介于 16%~25% 的区域，这两个地带土地利用主要以耕地为主伴有少量草地，耕地基本上为大片相连分布，二者面积占到研究区总面积的 76.58%；之后过渡到物理性黏粒含量最大的（≥25%）土壤地带，物理性黏粒含量最大的西北端，土地利用类型为盐碱地开垦后的耕地，周边为草地，东南端以山坡草地为主，此外在中部偏东有部分零星分布的地带，总面积占到研究区面积的 12.58%。

2013 年土壤物理性黏粒含量普遍增加，物理性黏粒含量最大的土壤（≥25%），以片状的形式出现在北部偏西北、西部最西端、东北偏北和中部最南端 4 个地段，面积占到研究区总面积的 24.76%；其余大部分地区土壤物理性黏粒含量介于 16%~25%，占到研究区总面积的 70.06%，物理性黏粒含量小于 16% 的土壤零星分布在期间，所占面积比例也较小。

从土地利用结构来看，研究区农业用地内部结构发生了明显的改善，耕地、林地和草地分布格局较 1987 年有了明显的变化，草地和林地形成防护林带相间分布于耕地外围，对耕地起到了防护作用。

表 4-6 研究区 1987 年、2013 年土壤物理性黏粒含量的不同级别面积统计

年份	土壤质量等级	≥25（Ⅰ）	25～16（Ⅱ）	16～12（Ⅲ）	<12（Ⅳ）
1987	面积（hm²）	27 548.34	95 253.23	72 427.72	23 732.09
	百分比（%）	12.58	43.50	33.08	10.84
2013	面积（hm²）	54 210.09	153 411.50	10 929.98	409.81
	百分比（%）	24.76	70.06	4.99	0.19

4.4.2 土壤有机质含量的变化

1987 年和 2013 年土壤有机质分级图和各级别有机质含量比例情况如彩图 4-5、彩图 4-6 和表 4-7 所示。

1987 年土壤有机分布比较简单，东南海拔 1 850m 以上的山坡草地有机质含量明显高于其他地区，并由此向北和西北逐渐减少。土壤有机质含量大部分地区小于 1.5%，其面积占到研究区总面积的 77.35%，有机质含量总体偏低，叠加土地利用图，土地利用类型西部以草地为主，中部大部分地区以耕地为主，伴有少量草地，东部以草地为主。2013 年土壤有机质含量整体上有所提高，但分布比较复杂。有机质含量大于 2.5% 的区域显著增加，集中分布在东部 1 600m 以上和东南部 1 850m 以上的山地地带及西部南北流向的塔布河支流西岸，土地利用主要以草地为主；含量小于 1.5% 的区域面积明显缩小，以躺倒的"丁"字形从中部向南、北、东呈条带状分布，面积占研究区总面积的 32.55%；有机质含量介于 1.5%～2.0% 的土壤分布区域近似对称分布于该躺倒"丁"字形区域外围，面积占研究区总面积的 33.27%，二者的土地利用都呈现为耕地和林地相间分布，林地主要为 2000 年以来退耕还林而种植的柠条林；有机质含量在 2.0%～2.5% 的土壤分布在上述两个类型区外围，面积占到研究区总面积的 18.4%，土地利用类型以草地为主。

表 4 - 7　研究区 1987 年、2013 年土壤有机质含量的不同级别面积统计

年份	土壤质量等级	≥2.5（Ⅰ）	2.5~2（Ⅱ）	2~1.5（Ⅲ）	<1.5（Ⅳ）
1987	面积（hm²）	6 022.23	6 338.09	37 231.89	169 369.17
	百分比（%）	2.75	2.89	17.00	77.35
2013	面积（hm²）	34 539.13	40 299.48	72 846.52	71 276.25
	百分比（%）	15.77	18.40	33.27	32.55

4.4.3　土壤全氮含量的变化

1987 年和 2013 年土壤全氮分级图和各级别全氮含量比例情况如彩图 4 - 7、彩图 4 - 8 和表 4 - 8 所示，两期土壤全氮分布都比较复杂。

1987 年全氮含量小于 0.075% 的土壤，在研究区中部形成东北西南走向的条带状分布区域，另在东南有少量分布，面积占到研究区总面积的 34.33%；以该条带分布的土壤带为中心，向西北和东南全氮含量逐渐增加，全氮含量最高的土壤分布在东南端的海拔高于 1 850m 的山地地带，叠加土地利用类型图，全氮含量最高区土地利用类型以草地为主。其外围为全氮含量在 0.1%~0.15% 之间的土壤，分布在东南端的山地草地地带的以草地为主，分布在西北中部地带的以耕地为主；全氮含量在 0.075%~0.1% 之间的土壤与其他土壤形成相间分布的格局，其中分布在南北流向的塔布河以西地带的土壤其土地利用主要以草地为主，其余用地类型主要以耕地为主，伴有零星草地。

2013 年全氮含量普遍增加，全氮含量大于 0.15% 的土壤面积明显增加，在 1987 年的基础上向北延伸，面积比例由 1987 年 2.81% 增加到了 2013 年的 17.06%；含量小于 0.075% 的土壤面积显著减少，空间上分布较零散，面积比例减少到了 2013 年的 6.02%；原分布于中部地带，呈现为东北西南走向的土壤带，全氮含量由小于 0.075% 增加到了 0.075%~0.1% 范围之内，以该条土壤带为中心向两侧分布了全氮含量介于 0.1%~0.15% 的土壤带，其面积占到研究区总面积的 50.51%。与土地利用图叠加分析，东南端全氮含量最高区以草地为主，最西端部分全氮含量较高地区的土地利用以草地为主，同时伴有灌木林地的分布；其余均为耕地、林

地和草地相间分布。

表 4-8　研究区 1987 年、2013 年土壤全氮含量的不同级别面积统计

年份	土壤质量等级	≥0.15（Ⅰ）	0.15～0.1（Ⅱ）	0.1～0.075（Ⅲ）	＜0.075（Ⅳ）
1987	面积（hm²）	6 152.17	45 295.19	92 350.56	75 163.46
	百分比（%）	2.81	20.69	42.18	34.33
2013	面积（hm²）	37 347.84	110 591.18	57 851.42	13 170.95
	百分比（%）	17.06	50.51	26.42	6.02

4.4.4　土壤全磷含量的变化

1987 年和 2013 年土壤全磷分级图和各级别全磷含量比例情况如彩图 4-9、彩图 4-10 和表 4-9 所示，土壤全磷在两个时期的分布情况差异较大。1987 年土壤全磷分布比较复杂，在研究区中部偏北形成了一小片含量最小的区域，面积占到研究区总面积的 4.29%，包含该区片在内，向东北和西南向延伸形成了含量在 0.06%～0.04% 之间的土壤带，面积占到研究区总面积的 34.22%；以该条带为中心向西北和东南土壤全磷含量逐渐增加。2013 年土壤全磷分布比较简单，含量普遍降低，含量大于 0.075% 的土壤区基本消失，含量小于 0.04% 的土壤面积大量增加，面积占到研究区总面积的 62.55%，其次为含量在 0.04%～0.06% 的土壤区，面积占到 34.74%。与土地利用类型叠加分析，全磷含量最小区域基本上与耕地-灌木林地相间分布的地类复合，是研究区主要的退耕种植灌木林的区域，全磷含量在 0.04%～0.06% 的土壤区，土地利用主要为草地或草地-耕地相间分布的地带；全磷含量在 0.06%～0.075% 的土壤只占 2.7%，集中分布在东南端，地类以草地为主。

表 4-9　研究区 1987 年、2013 年土壤全磷含量的不同级别面积统计

年份	土壤质量等级	≥0.075（Ⅰ）	0.06～0.075（Ⅱ）	0.04～0.06（Ⅲ）	＜0.04（Ⅳ）
1987	面积（hm²）	87 618.74	47 026.39	74 933.57	9 382.69
	百分比（%）	40.02	21.48	34.22	4.29
2013	面积（hm²）	0.00	5 917.28	76 073.04	136 971.06
	百分比（%）	0.00	2.70	34.74	62.55

4.4.5　土壤全钾含量的变化

　　1987 年和 2013 年土壤全钾分级图和各级别全钾含量比例情况如彩图 4-11、彩图 4-12 和表 4-10 所示，土壤全钾在两个时期的分布情况差异较大。1987 年全钾分布相对较简单，大部分地区的全钾含量在 3.5% 以上，占到研究区面积的 86.83%；全钾含量在 3.25%~3.5% 的区域较零星的分布在中部偏北及西部偏西南的地带。2013 年全钾分布较复杂，全钾含量大于 3.75% 的土壤，零散地分布在东南及东北端，西北有少量分布；含量在 3.5%~3.75% 的土壤面积显著减少，所占比例降低到41.77%，含量小于 3.5% 的土壤，在原有面积上有了较大幅度的增加，面积占到研究区面积的 48.2%，各类级别的土壤相互之间间隔分布，土壤全钾含量整体有所降低。

表 4-10　研究区 1987 年、2013 年土壤全钾含量的不同级别面积统计

年份	土壤质量等级	≥3.75（Ⅰ）	3.5~3.75（Ⅱ）	3.25~3.5（Ⅲ）	<3.25（Ⅳ）
1987	面积（hm²）	59 522.65	130 616.98	28 417.94	403.81
	百分比（%）	27.18	59.65	12.98	0.18
2013	面积（hm²）	21 952.91	91 470.97	73 293.32	32 244.18
	百分比（%）	10.03	41.77	33.47	14.73

4.4.6　土壤 pH 的变化

　　1987 年和 2013 年土壤 pH 分级图和各级别 pH 比例情况如彩图 4-13、彩图 4-14 和表 4-11，从两期土壤 pH 分级图中可以看到研究区西北端盐碱荒草地 pH 最高，pH 大于 9，其他区域土壤 pH 在两个时期的分布情况差异较大。1987 年土壤 pH 大部分介于 8.1~8.5 之间，小于 8.1 的土壤少量分布在东南端和中部南端，面积只占到研究区总面积的 4.64%，pH 在 8.5~9 的土壤相邻分布在 pH 大于 9 的区域外围，数量相对较少，占到研究区总面积的 15.58%。2013 年土壤 pH 变化较大，pH 小于 8.1 的土壤面积明显增加，从原分布位置东南端向北和向西延伸分布，面积增加到了 68 741.41hm²，占到研究区面积的 31.39%，主要与耕地-灌木林

地-草地相间分布的区域重叠，由该区域往东和西、西北，分布有土壤 pH 为 8.1～8.5 的区域，面积占到研究区总面积的 54.41％，与 1987 年相比，所占比例明显减少，同样与耕地-灌木林地-草地相间分布的区域相对应，整体上 pH 出现了下降的趋势。

表 4-11　研究区 1987 年、2013 年土壤 pH 的不同级别面积统计

年份	土壤质量等级	≤8.1（Ⅰ）	8.1～8.5（Ⅱ）	8.5～9（Ⅲ）	>9（Ⅳ）
1987	面积（hm²）	10 166.33	156 813.94	34 118.32	17 862.79
	百分比（％）	4.64	71.62	15.58	8.16
2013	面积（hm²）	68 741.41	119 137.25	25 586.24	5 496.47
	百分比（％）	31.39	54.41	11.69	2.51

4.5　土壤质量评价

利用公式（4.4）和（4.5）计算每个土壤采样点的相对土壤质量指数，运用径向基函数进行插值分析，在此基础上以土壤质量分级标准（表 4-3）为依据，对研究区 1987 年和 2013 年土壤质量进行级别划分，获得研究区土壤质量分布图（彩图 4-15 和彩图 4-16），对两期土壤质量图进行叠加分析，得到研究区 1987—2013 年土壤质量变化转移矩阵表（表 4-12）。

表 4-12　研究区 1987—2013 年土壤质量变化转移矩阵

单位：hm²

	1987 年		Ⅰ	Ⅱ	Ⅲ	Ⅳ	期内减少
Ⅰ	12 442.28	5.68％	9 636.57	1 365.37	1 401.36	38.98	2 805.71
Ⅱ	45 466.11	20.76％	1 500.31	15 999.65	27 767.24	198.91	29 466.46
Ⅲ	102 018.12	46.59％	15 702.78	30 728.88	55 246.61	339.84	46 771.51
Ⅳ	59 034.87	26.96％	3 596.35	28 132.07	24 143.91	3 162.55	55 872.32
期内增加	—	—	20 799.44	60 226.32	53 312.50	577.73	134 916.00
2013 年	218 961.38		30 436.01	76 225.97	108 559.11	3 740.28	—
		100％	13.90％	34.81％	49.58％	1.71％	—

4.5.1 土壤质量的时间变化

基于土壤采样点计算的研究区相对土壤质量指数平均值 1987 年为 57.34、2013 年为 61.26，研究区土壤质量 27 年后呈现为上升的趋势。从表 4-12 来看，1987 年 Ⅰ 级土壤所占比例最少，只占到研究区总面积的 5.68％，Ⅲ 级土壤所占比例最大，占到研究区总面积的 46.59％，Ⅱ 级和 Ⅳ 级土壤所占比例基本相当，分别占到研究区总面积的 20.76％ 和 26.96％。2013 年 Ⅳ 级土壤所占比例显著减少，面积只占到研究区总面积的 1.71％，Ⅰ 级和 Ⅱ 级土壤所占比例明显增加，分别增加到 13.9％ 和 34.81％，Ⅲ 级土壤略有增加，但涨幅不大。因此，从各级别土壤面积比例的变化，可进一步看出土壤质量整体上呈现出好转的趋势。

27 年间研究区 134 916.00hm² 的土壤，质量发生了变化，变化的趋势为高等级的土壤面积增加，低等级的土壤面积减少。研究区 2 805.71hm² Ⅰ 级土壤等级降低为其他等级土壤，转变为 Ⅱ 级土壤的为 1 365.37hm²、Ⅲ 级土壤的为 1 401.36hm²、Ⅳ 级土壤的为 38.98hm²；20 799.44hm² 其他等级的土壤转变为 Ⅰ 级土壤，分别是 Ⅱ 级土壤转为 Ⅰ 级土壤的为 1 500.31hm²、Ⅲ 级土壤转为 Ⅰ 级土壤的为 15 702.78hm²、Ⅳ 级土壤转为 Ⅰ 级土壤的为 3 596.35hm²，经过增减平衡后 Ⅰ 级土壤总体上有所增加，共增加 17 993.73hm²，说明土壤质量在提高。Ⅱ 级土壤转变为其他等级土壤的面积为 29 466.46hm²，其中 Ⅱ 级等级降低为 Ⅲ 级土壤的为 27 767.24hm²、降低为 Ⅳ 级土壤的有 198.91hm²、土壤质量好转为 Ⅰ 级土壤的有 1 500.31hm²，其他等级的土壤转变为 Ⅱ 级土壤的面积为 60 226.32hm²，经过增减平衡后 Ⅱ 级土壤共增加 30 759.86hm²。Ⅲ 级土壤转变为其他等级土壤的为 46 771.51hm²、其他等级土壤转变为 Ⅲ 级土壤的为 53 312.50hm²，经过计算 Ⅲ 级土壤共减少 2 559.82hm²；Ⅳ 级土壤转变为其他等级土壤的为 55 872.32hm²，其他等级土壤质量降低为 Ⅳ 级土壤的为 577.73hm²，经过合计 Ⅳ 级土壤共减少 55 294.59hm²，减少量最多，说明土壤质量水平整体有所好转。

研究区各质量级别的土壤相互之间均有转换，但整体上由低质量级别提高为高质量级别的比例占优势，27 年间土壤质量好转的共有

48 753.60hm²，土壤质量进一步退化的有 32 272.17hm²。

4.5.2 土壤质量的空间变化

27 年间研究区土壤质量空间变化明显（彩图 4 - 15、彩图 4 - 16），比较两期土壤质量分布图，1987 年土壤质量的空间分布较简单，2013 年土壤质量空间分布相对较复杂。1987 年土壤质量最差的区域，在中部呈条带状沿东北西南向集中分布，以此为中心向两侧土壤质量逐渐好转，东南端海拔大于 1 850m 以上的山坡草地地带土壤质量最好。2013 年土壤质量整体上呈现为好转的态势，土壤质量最好的地段，在东南端原有的基础上向北以条带状延伸分布，在此基础上向西Ⅱ级和Ⅲ级土壤之间出现了相间分布的格局。东南端向北延伸分布的Ⅰ级土壤基本上由Ⅲ级和Ⅳ级土壤转换而来，土地利用以草地为主，由此向西分布的Ⅱ级土壤中，靠东部分由Ⅲ级土壤转变为Ⅱ级，靠中部的部分由Ⅲ级和Ⅳ级土壤转化而来，地类为耕地-灌木林地-草地，空间上形成了相间分布的格局；最西端的Ⅲ级土壤一部分保留了原有的Ⅲ级土壤、一部分由Ⅳ级土壤转化而来、另有一部分是Ⅱ级土壤退化后变为Ⅲ级土壤，地类主要为草地-耕地相间分布；Ⅳ级土壤只在西南端有少量分布。

4.6 小结

（1）27 年来，研究区反映土壤质量状况的 6 个指标的平均值和变异系数都发生了较大变化，其中，物理性黏粒含量、有机质和全氮含量平均值显著增加，全磷、全钾和 pH 平均值明显减少；两期全钾及土壤 pH 的变异系数小于 10%，属于弱变异，其他各指标的两期变异系数均在 10%～100% 之间，属于中等变异；运用径向基函数对土壤质量各指标进行插值分析，结果表明土壤质量各指标空间变化非常明显。因此土壤质量的变化除了受土壤形成的自然条件影响之外，土地广度和深度利用对土壤质量产生了较大影响。

（2）研究区相对土壤质量指数平均值 1987 年为 57.34、2013 年为 61.26。以相对土壤质量指数为依据，对土壤质量进行分级评价结果表明，

27 年来各级别土壤质量变化显著，Ⅳ级土壤所占比例显著减少，Ⅰ级和Ⅱ级土壤所占比例明显增加，Ⅲ级质量的土壤略有增加，但涨幅不大，土壤质量总体上呈现出好转的趋势。

（3）27 年间研究区土壤质量空间变化较明显，1987 年土壤质量最差的区域，在中部呈条带状沿东北西南向集中分布，并以此为中心向两侧土壤质量逐渐升高，到东南端海拔大于 1 850m 以上的山坡草地地带土壤质量最好。2013 年土壤质量整体上好转，土壤质量最好的地段，在东南端原有的基础上向北延伸分布形成条带状，由此向西Ⅱ级和Ⅲ级土壤之间出现了相间分布的格局，Ⅳ级土壤只在西南端有少量分布。

5 土地利用对土壤质量的影响

土地利用可以引起地表植被、生物多样性[176]、土壤环境及土壤性质[177、178]的变化。土地利用方式是影响土壤质量演变方向和强度的关键因子，它们可直接或间接地作用于土壤系统，既可以改善土壤质量[179、180]，也可以导致土壤质量下降[181、182]。土壤质量是土壤许多物理、化学和生物学性质以及形成这些性质的一些重要过程的综合体。深入了解不同土地利用类型的土壤质量基本特征是研究土地利用对土壤质量影响的基础。

5.1 数据准备

研究区 1987 年土壤质量数据是全国第二次土壤普查的数据，共 38 个样点，2013 年土壤质量数据是在 1987 年研究区第二次土壤普查样点基础上，根据各样点土壤普查成果中的位置描述，结合研究区 7 幅 1：10 万国家基本比例尺地形图和 Landsat 影像，用 GPS 定位，于 2013 年 7—8 月选取样点 38 个，10 月份根据研究需要补测样点 24 个，共计 62 个样点，基于土地利用中主要用地类型的转换，共产生 37 个对应样点，反映土壤质量水平的土壤指标分别为土壤物理性黏粒、有机质、全氮、全磷、全钾和 pH，取 0～20cm 表层土壤，测定土壤各指标，测定方法同第 4 章。

研究区耕地、林地（包括有林地和灌木林地）和草地始终为面积比例较大的 3 个主要用地类型，且本书动态研究中的重要基础数据即基础年份土壤普查数据涉及的土地利用类型也主要为耕地、林地和草地，因此在进行土地利用对土壤质量的影响研究时，只讨论这三个地类及其变化对土壤质量的影响。

5.2　研究方法

5.2.1　土壤质量单因子分析

基于土地利用类型，对比分析 1987 年和 2013 年两期不同土地利用类型间、不同土地利用方式下和对应样点土地利用变化的各土壤质量指标平均值的变化情况，并研究 27 年间土地利用对土壤质量的影响。

5.2.2　土壤质量综合评价

运用相对土壤质量指数法（RSQI），评价土壤质量的变化。相对土壤质量指数的计算公式为：

$$RSQI = (SQI/SQI_m) \times 100$$

相对土壤质量指数计算步骤，见第 4 章。

5.2.3　土壤质量指标的空间插值

借助 ArcGIS 的地统计分析功能，选用径向基函数的多元二次曲面插值法对土壤质量各指标进行插值分析（详见第 4 章）。

5.3　基于土地利用类型的土壤质量统计分析

运用 SPSS 和 Excel 软件，对研究区 1987 年和 2013 年不同土地利用类型间土壤质量各指标（表 5-1）和不同土地利用类型相对土壤质量指数（表 5-2）进行统计。

不同土地利用类型土壤质量各指标的统计结果（表 5-1）表明，1987年反映土壤质量状况的各指标中全磷和 pH 在耕地、草地和林地三个主要地类之间的差异较小，全氮在草地和林地之间的差异也较小，其他指标在不同地类间，均有一定差异。相关性较强的土壤有机质和全氮含量草地最高，分别为 1.675% 和 0.079%，林地次之，含量分别为 1.6% 和 0.096%，耕地最少为 1.326% 和 0.087%；物理性黏粒含量草地最大为 17.331%，林地最小为 16.203%，耕地介于二者之间，为 16.203%；全磷含量由大到小依次为林地、草地和耕地。总体上在脆弱草原带的土地利用中草地的土壤属性各指标值及养分含量均高于其他土地利用类型。2013年主要用地类型虽然仍以耕地、林地和草地为主，但随着国家植树造林政策的逐步实施，通过人工造林和封山育林等措施重建的灌丛林生态系统，使得林地的二级地类灌木林占到林地总面积的90%以上，因此地类主要以耕地、草地和灌木林地为主，各地类在空间分布上呈现出两种或三种地类相间分布的格局。土壤属性指标值在各地类之间产生了一定的差异，物理性黏粒含量、有机质和全氮含量在总量上较1987年均有所增加，在不同地类间的变化情况是，物理性黏粒含量为耕地＞林地＞草地、有机质为草地＞耕地＞林地、全氮为草地＞林地＞耕地；pH、全磷、全钾含量总体上均有所降低，在各地类之间的变化基本相同，共同表现为耕地＞草地＞林地。

变异系数反映土壤质量指标的空间变异程度。研究区1987年各土壤指标的变异系数中，全钾和pH的变异系数均小于10%，属于弱变异，在各地类中的表现，全钾为耕地＞草地＞林地、pH为草地＞林地＞耕地，在各地类中的差异也较小；其他指标的变异系数大于10%，小于100%，属于中等变异，其中有机质和全氮变异系数在地类之间的变化相同，由大到小依次为草地＞耕地＞林地、物理性黏粒含量变异系数顺序为林地＞耕地＞草地、全磷变异系数顺序为耕地＞草地＞林地。2013年各土壤指标的变异系数中，pH的变异系数仍较小，小于10%，在各地类中的差异虽然较小，但与1987年相比也发生了相应的变化，大小顺序依次为耕地＞林地＞草地；全钾变异系数在各地类中的变化显著增加，其中草地变异系数超过了10%，变为中等变异水平，耕地和林地仍小于10%，属于弱变异状态；物理性黏粒含量变异系数在三种主要地类中的变化顺序为耕地＞林地＞草地；有机质变异系数的变化顺序为耕地＞草地＞林地；全氮变异系数的变化顺序为林地＞耕地＞草地；全磷变异系数的变化顺序为草地＞耕地＞林地。

从两期反映土壤质量的各土壤指标的变异系数看，在不同土地利用类型中的变化各不相同且规律性较差，说明研究区土壤质量除受地形地貌等自然条件影响外，人类早期的开垦林草发展农业的行为及后期的植树造林恢复林草等土地利用活动对土壤质量具有较大的影响。

表 5-1 研究区 1987—2013 年不同土地利用类型土壤质量指标描述性统计

草地	物理性黏粒(%)		有机质(%)		全氮(%)		全磷(%)		全钾(%)		pH	
	1987	2013	1987	2013	1987	2013	1987	2013	1987	2013	1987	2013
样本数	7	18	7	18	8	18	7	18	7	18	7	18
极小值	11.310	11.054	0.809	1.042	0.059	0.060	0.039	0.015	3.437	2.690	7.900	7.740
极大值	26.200	25.538	4.112	4.453	0.228	0.273	0.144	0.079	3.958	3.860	8.600	8.590
均值	17.331	18.521	1.675	1.935	0.097	0.133	0.079	0.037	3.648	3.443	8.357	8.126
标准差	6.103	3.586	1.127	0.871	0.056	0.054	0.035	0.019	0.188	0.351	0.244	0.235
变异系数(%)	35.213	19.364	67.295	45.007	57.816	40.188	44.883	50.118	5.156	10.195	2.919	2.890

耕地	物理性黏粒(%)		有机质(%)		全氮(%)		全磷(%)		全钾(%)		pH	
	1987	2013	1987	2013	1987	2013	1987	2013	1987	2013	1987	2013
样本数	23	20	24	20	25	20	20	20	20	20	23	20
极小值	5.840	15.563	0.575	0.485	0.041	0.044	0.034	0.021	3.128	2.740	7.900	7.360
极大值	44.680	59.938	2.946	5.035	0.193	0.156	0.130	0.062	4.129	4.050	8.700	8.720
均值	17.043	24.647	1.326	1.769	0.087	0.095	0.070	0.039	3.686	3.501	8.307	8.217
标准差	9.074	10.429	0.659	0.983	0.042	0.038	0.035	0.013	0.248	0.330	0.163	0.317
变异系数(%)	53.240	42.313	49.720	55.551	47.927	40.305	50.264	33.209	6.726	9.426	1.957	3.858

林地	物理性黏粒(%)		有机质(%)		全氮(%)		全磷(%)		全钾(%)		pH	
	1987	2013	1987	2013	1987	2013	1987	2013	1987	2013	1987	2013
样本数	3	22	3	22	3	22	3	22	3	22	3	22
极小值	5.830	9.629	0.837	0.577	0.053	0.034	0.077	0.014	3.622	2.740	8.300	7.500
极大值	23.470	33.428	2.039	2.808	0.126	0.216	0.109	0.048	3.717	3.880	8.600	8.690
均值	16.203	20.368	1.600	1.655	0.096	0.108	0.094	0.029	3.682	3.406	8.400	8.039
标准差	9.221	5.375	0.663	0.555	0.038	0.044	0.016	0.008	0.052	0.311	0.173	0.289
变异系数(%)	56.909	26.387	41.455	33.544	39.788	41.187	17.137	27.107	1.418	9.131	2.062	3.596

相对土壤质量指数可揭示土壤的整体质量状况。不同土地利用类型的相对土壤质量指数（表5-2）各不相同，1987年林地最高，耕地最低，草地介于二者之间。2013年耕地和草地相对土壤质量指数明显增加，分别由1987年的55.95%和57.5%增加到了2013年61.95%和64.14%（表5-2），土壤质量等级由 Ⅲ 级提高到了 Ⅱ 级水平。林地土壤样本1987年只有有林地的3个样本，没有灌木林地的样本，因此相对土壤质量指数1987年林地是指有林地，为64.42%，土壤质量等级为 Ⅱ 级。2013年林地样本分别为有林地3个、灌木林地19个，相对土壤质量指数有林地为51.42%、灌木林地为60.16%，土壤质量等级有林地为 Ⅲ 级，灌木林地为 Ⅱ 级，土壤质量指数由大到小依次为草地＞耕地＞灌木林地＞有林地，林地内灌木林地土壤质量状况好于有林地。

表5-2 研究区1987—2013年不同土地利用类型相对土壤质量指数

单位：%

地类	1987		2013	
	样本数	RSQI（均值）	样本数	RSQI（均值）
草地	7	57.5	18	64.14
耕地	20	55.95	20	61.95
林地	3	64.42	3（有林地）	51.42
			19（灌木林地）	60.16
			合计22（林地）	58.96

5.4 土地利用方式对土壤质量的影响分析

在近27年的土地利用中各类用地在数量结构和空间分布上虽然发生了较大变化，但耕地、林地（包括有林地和灌木林地）和牧草地由于其面积比例相对较大而始终为研究区主要用地类型。在37个配对样点中，相同土地利用方式的地类及对应样点分别是，草地-草地6个样点、耕地-耕地11个样点、未利用地-未利用地2个样点、林地-林地1个样点4个。受1987年部分样点土壤属性指标不完整及从数理统计最少样本法则考虑，在此只探讨草地利用方式和耕地利用方式对土壤质量的影响。土地利用配对样本 T 检验和配对样本土壤质量指标统计见表 5-3 至表 5-5。

5.4.1　基于土壤样点的分析

5.4.1.1　耕地利用方式对土壤质量的影响

耕地在长期持续利用中，土地用途虽然没有发生转变，但土壤质量发生了较明显的变化（表 5-3 和表 5-4）。在 27 年的耕地利用中土壤物理性黏粒含量明显增加，增加了 26.19%，发生了显著变化；全氮和有机质含量略有增加，分别增加了 9.25% 和 9.37%，变化不显著；全磷含量减少了 48.25%，发生了显著变化；全钾含量和 pH 均有所降低，分别减少了 6.96% 和 2.34%，变化不显著。相对土壤质量指数增加 3.81。因此长期耕地利用方式下的土壤质量状况总体上呈现出改善的态势。

由于受土壤类型及地形地貌等自然条件的影响，单个剖面的土壤质量间也有一定差异（表 5-4）。土壤物理性黏粒含量在各个土壤剖面上呈现出普遍增加的趋势，但受海拔高度及地貌条件的影响略有差异，如 9、16 号剖面由于海拔相对较高且位于山前坡地和波状丘陵地带，物理性黏粒含量的增幅略小于其他剖面；有机质除 25 号土壤剖面含量减少外其他各土壤剖面均有所增加，增加的幅度个体差异明显，其中 9、15、16、30 和 32 号剖面增幅小于 15%，10、17 和 38 号剖面增幅均大于 25%；全氮在各土壤剖面的增减差异较大，9、10、25 和 38 号剖面全氮含量有所降低，但减幅小于 10%，10、16、17、30 和 32 号剖面全氮含量明显增加，其中位于波状丘陵地带的 16 号剖面的增加量最小；全磷含量在各土壤剖面点都有所降低；全钾除 30、32 和 10 号土壤剖面含量增加外，其他各剖面的含量均发生了降低；pH 在各剖面的变化明显，9、10、15、17、25 和 38 号土壤剖面 pH 降低，16、30、32 号土壤剖面 pH 增加；相对土壤质量指数在 10、17、25、30、32 号土壤剖面增加，在 9、15、16、38 号土壤剖面降低。

从耕地整体情况来看，1987 年大片相连的耕地，随着土地利用结构调整和退耕还林政策的实施，逐步被灌木林地和草地分割成不同大小的耕地地块，退耕还林后保留下来的耕地，基本上为较高质量的耕地且在经营管理上逐步采取了精耕细作的集约化管理，因此长期耕地利用中形成的空间布局和经营上的优化管理对土壤质量的提高起到了一定的作用。

表 5-3　研究区 1987 年、2013 年相同土地利用方式对应剖面土壤质量指标统计特征及配对样本 t 检验结果

土壤属性指标	草地-草地						耕地-耕地					
	均值		变化率（%）	样本数	Sig (2-tailed)	显著性	均值		变化率（%）	样本数	Sig (2-tailed)	显著性
	1987	2013					1987	2013				
物理性黏粒（%）	19.002	16.653	-12.36	5	0.247	不显著	18.635	23.515	26.19	10	0.038	显著
有机质（%）	2.006	1.777	-11.44	5	0.290	不显著	1.327	1.450	9.25	10	0.187	不显著
全氮（%）	0.110	0.150	36.87	6	0.006	显著	0.090	0.099	9.37	11	0.114	不显著
全磷（%）	0.094	0.046	-51.28	5	0.002	显著	0.073	0.038	-48.25	9	0.004	显著
全钾（%）	3.652	3.455	-5.38	5	0.392	不显著	3.722	3.463	-6.96	9	0.131	不显著
pH	8.340	8.204	-1.63	5	0.327	不显著	8.294	8.100	-2.34	10	0.144	不显著
相对土壤质量指数	66.19	66.44	0.38	4	0.367	不显著	58.06	61.87	6.56	9	0.132	不显著

表 5-4　基于土壤样本的耕地利用方式下的土壤质量变化分析

土样号	土壤类型	地形地貌	海拔（m）	取样年代	物理性黏粒（%）	有机质（%）	全氮（%）	全磷（%）	全钾（%）	pH	相对土壤质量指数
9	栗钙土	山前坡地	1 717	1987	22.720	2.034	0.134	0.105	3.989	8.300	81
				2013	24.002	2.149	0.122	0.039	3.739	8.280	68.5
10	栗钙土	平地	1 502	1987	7.660	0.580	0.046	0.039	3.128	8.400	32.25
				2013	26.654	1.133	0.078	0.053	3.320	8.100	58.5
15	栗钙土	缓坡	1 625	1987	16.970	1.041	0.071	0.061	3.940	8.300	56.25
				2013	21.232	1.064	0.071	0.023	2.736	7.940	46.5

（续）

土样号	土壤类型	地形地貌	海拔（m）	取样年代	物理性黏粒（%）	有机质（%）	全氮（%）	全磷（%）	全钾（%）	pH	相对土壤质量指数
16	栗钙土	波状丘陵	1 513	1987	14.180	0.693	0.055	0.036	3.744	8.400	41
				2013	15.563	0.761	0.059	0.021	3.066	8.500	38.75
17	栗钙土	平地	1 572	1987	13.910	0.928	0.057	0.061	3.728	8.400	47.5
				2013	18.946	1.264	0.092	0.023	3.534	7.360	54.25
25	栗钙土	平地	1 445	1987	11.220	1.007	0.075	0.043	4.129	8.500	43.75
				2013	20.066	0.875	0.072	0.024	3.786	8.420	49.75
30	草甸土	平地	1 461	1987	32.120	2.228	0.139	0.111	3.580	8.200	84.25
				2013	38.972	2.372	0.151	0.062	3.807	8.590	86.5
32	草甸土	平地	1 491	1987	28.170	1.888	0.109	0.122	3.367	7.900	78
				2013	32.243	2.139	0.132	0.051	3.535	7.940	80
38	草甸土	平地	1 530	1987	15.760	1.168	0.077	0.081	3.892	8.200	58.5
				2013	19.848	1.471	0.070	0.045	3.648	7.910	52.5

5.4.1.2　草地利用方式对土壤质量的影响

草地在长期持续利用中，土地用途虽然没有发生转变，但土壤质量却发生了变化（表5-3和表5-5）。在27年的草地利用中物理性黏粒含量减少了12.36%、变化不显著、有机质含量减少了11.44%、变化不显著、全氮含量增加了36.87%，变化显著；全磷含量减少了51.28%，变化显著；全钾含量减少了5.38%，变化不显著；pH降低了1.63%，变化不显著；相对土壤质量指数略有增加，增加了0.25。因此，在长期草地利用方式下的土壤质量变化不显著，但有好转的态势。

从单个土壤剖面分析，受海拔高度及地貌等自然条件的影响，土壤各属性指标的变化在各土壤剖面上的变化各不相同（表5-5）。位于海拔较低（分别为1 432m和1 525m）而地势较平坦地带的29和31号土壤剖面，土壤物理性黏粒、有机质、全氮含量增加，全磷、全钾含量减少，pH降低。相对土壤质量指数31号剖面增加、29号剖面减少；位于山坡地带，海拔高度在1 837m的6号土壤剖面，物理性黏粒含量微弱减少，对应的有机质和全氮含量增加，其他各指标全磷含量减少，全钾含量增

加，pH 降低，相对土壤质量指数增加；同样位于山坡地带，海拔高度在
1 948m 处的 7 号土壤剖面，pH 上升，其他各指标含量全部减少，相对土
壤质量指数降低。草地利用方式中，反映土壤综合质量的相对土壤质量指
数，在地形地貌条件相同的情况下，呈现出随海拔高度的增加而降低的
特点。

草地在 1987 年的土地利用结构中所占比例较大，但作为各类用地扩
张时的首选占用类型，常被其他用地所占用，在近 27 年的土地利用中，
草地大面积减少，因此保留下来的草地，一部分为退耕还林还草工程实施
过程中营造的水土保持林草和防风固沙林草中的草地，其主要分布于低山
丘陵及缓坡地带，另一部分为耕地外围林草防护带内的草地。这种林草带
一般采取灌草结合模式进行种植，旱生灌木作为防护林，不仅可以截留枯
落物及风播植物的果种，灌木林间隙还可降低地表风速，减弱草本植物遭
受流沙的侵袭，因此这种草地，由于得到灌木林一定程度的保护，土壤质
量状况有了相应的改善。

表 5-5　基于土壤样本的草地利用方式下的土壤质量变化分析

土样号	土壤类型	地形地貌	海拔(m)	取样年代	物理性黏粒(%)	有机质(%)	全氮(%)	全磷(%)	全钾(%)	pH	相对土壤质量指数
6	栗钙土	山坡	1 837	1987	26.200	1.820	0.111	0.094	3.477	8.400	75.75
				2013	25.538	1.834	0.115	0.070	3.860	8.060	80.25
7	栗钙土	山坡	1 948	1987	25.880	4.112	0.228	0.144	3.592	7.900	97.25
				2013	17.560	3.211	0.234	0.079	2.694	8.220	86.25
29	栗钙土	平地	1 525	1987	13.000	1.310	0.096	0.069	3.958	8.600	53
				2013	13.347	1.345	0.131	0.024	3.731	8.370	51
31	草甸土	平地	1 432	1987	14.760	1.358	0.080	0.078	3.437	8.600	38.75
				2013	15.766	1.451	0.148	0.031	3.368	8.270	48.25

5.4.2　基于空间插值的分析

空间插值是利用已知点的数据推算未知点数据的过程，在实测数据
有限的情况下，通过空间插值可弥补由于数据不足而对一些具体问题无

法进行分析的缺陷。本研究中，由于两期配对样点数据有限，缺乏林地的两个二级类有林地利用方式和灌木林地利用方式下的土壤配对样点，因此在分析长期持续土地利用方式对土壤质量的影响时，无法对林地（其中包括了有林地和灌木林地）利用方式下的土壤质量加以分析。基于此，依托 ArcGIS 的地统计模块，运用径向基函数的多元二次曲面插值法，对两期配对样点的相对土壤质量指数数据进行空间插值，依据土壤质量等级划分标准（表 4-3）可获得两期土壤质量分级图（彩图 4-15 和彩图 4-16）。将土壤质量分级图和两期土地利用现状图（彩图 3-1 和彩图 3-2）进行叠加，可对相同土地利用方式下的土壤质量状况进行全面研究（表 5-6）。

在长期耕地、有林地、灌木林地和草地利用方式下土壤质量等级结构发生了明显的变化。四种土地利用方式的Ⅰ级土壤比例 2013 年较 1987 年明显上升，按Ⅰ级土壤占各地类比例排序，由大到小耕地增加至 12 805hm²，占耕地面积的 22.79%；灌木林地增加至 91hm²，占灌木林地面积的16.08%；草地增加至 7 085hm²，占草地面积的 10.01%；有林地增加至231hm²，占有林地面积的 7.75%。Ⅱ、Ⅲ级土壤比例 2013 年与 1987 年相比较增加明显，按Ⅱ级土壤占各地类比例排序，由大到小分别是草地、灌木林地、有林地和耕地，占各地类比例依次是 40.35%、37.63%、30.65% 和 24%。Ⅲ级土壤有林地所占比例最高，为 56.27%；其次为耕地，占 52.04%；草地为 47.4%；灌木林地为 46.29%。Ⅳ级土壤在各地类中的比例大幅减少，灌木林地Ⅳ级土壤基本消失，耕地Ⅳ级土壤占1.17%、草地Ⅳ级土壤占 2.24%、有林地Ⅳ级土壤占 5.33%。

耕地、有林地、灌木林地和草地长期利用方式下的土壤质量等级结构发生了显著变化，Ⅰ、Ⅱ级土壤所占比例大幅增加，Ⅳ级土壤所占比例大幅下降，土壤质量整体上有了明显提高。

从本书的研究结果来看，基于空间插值分析的耕地和草地土地利用方式下的土壤质量变化研究结果与基于土壤样点分析的耕地和草地土地利用方式下的土壤质量变化研究结果基本吻合。这不仅说明选取的空间插值模型具有较高的精度，同时也获取了缺省的有林地利用方式下和灌木林地利用方式下的土壤质量变化情况。

表 5-6   基于空间插值的相同土地利用方式下的土壤质量等级变化分析

土地利用方式		土壤质量等级	I	II	III	IV
耕地-耕地	1987	面积（hm²）	4 588	9 233	28 129	14 247
		百分比（%）	8.16	16.43	50.05	25.35
	2013	面积（hm²）	12 805	13 486	29 246	660
		百分比（%）	22.79	24.00	52.04	1.17
有林地-有林地	1987	面积（hm²）	111	584	1 353	934
		百分比（%）	3.72	19.58	45.37	31.32
	2013	面积（hm²）	231	914	1 678	159
		百分比（%）	7.75	30.65	56.27	5.33
灌木林地-灌木林地	1987	面积（hm²）	34	188	248	96
		百分比（%）	6.01	33.22	43.82	16.96
	2013	面积（hm²）	91	213	262	0
		百分比（%）	16.08	37.63	46.29	0.00
草地-草地	1987	面积（hm²）	2 689	14 903	32 314	20 882
		百分比（%）	3.80	21.05	45.65	29.50
	2013	面积（hm²）	7 085	28 561	33 553	1 589
		百分比（%）	10.01	40.35	47.40	2.24

5.5   土地利用变化对土壤质量的影响分析

　　耕地、林地（包括有林地和灌木林地）和牧草地，由于其面积比例较大而始终为研究区主要的用地类型，在近 27 年的土地利用中，受土地利用结构的调整、国家相关土地政策的实施等因素的影响，各地类之间的用途转换较频繁。在 37 个配对样本中，基于土地利用变化的地类转化类型与对应样点分别是，草地-林地 2 个样点、耕地-草地 6 个样点、耕地-灌木林地 7 个样点、林地-耕地 1 个样点和林地-草地 1 个样点这 5 个类型。受 1987 年部分样点土壤属性指标不完整的影响，在此只探讨耕地转变为草地和耕地转变为灌木林地后对土壤质量产生的影响，土地利用配对样本 T 检验和配对样本土壤质量指标统计见表 5-7 至表 5-13。

5.5.1 基于土壤样点的分析

耕地退耕还草后土壤质量发生了显著变化（表5-7和表5-8）。土壤物理性黏粒含量、有机质含量和全氮含量分别增加了34.634%、31.32%和62.703%，变化显著；全磷含量和pH减少了47.988%和3.651%，变化显著；全钾含量降低，但变化不显著。相对土壤质量指数从54.4升高到了66.95，增幅达23.07%，变化显著。因此退耕还草后土壤质量明显好转。从单个土壤剖面分析（表5-8），土壤质量各属性指标中物理性黏粒含量、有机质含量和全氮含量均明显增加（除5号剖面物理性黏粒含量减少外）；全磷含量和pH各土壤剖面全部降低；全钾含量在各土壤剖面的增减不同，5和24号剖面全钾含量增加，22、23和28号土壤剖面全钾含量减少；各土壤剖面相对土壤质量指数均有显著增加。

表5-7 研究区1987年、2013年土地利用变化对应剖面土壤质量指标统计特征及配对样本 t 检验结果

土壤属性指标		物理性黏粒（%）	有机质（%）	全氮（%）	全磷（%）	全钾（%）	pH	相对土壤质量指数
耕地-草地	均值 1987	13.682	1.275	0.093	0.065	3.569	8.355	54.4
	均值 2013	18.421	1.674	0.151	0.034	3.46	8.05	66.95
	变化率（%）	34.634	31.32	62.703	−47.988	−3.06	−3.651	23.07
	样本数	5	5	6	5	5	6	5
	Sig.（2-tailed）	0.043	0.03	0.024	0.021	0.618	0.039	0.048
	显著性	显著	显著	显著	显著	不显著	显著	显著
耕地-灌木林地	均值 1987	11.085	0.99	0.062	0.059	3.711	8.333	54.08
	均值 2013	18.174	1.531	0.112	0.031	3.455	8.075	58.46
	变化率（%）	63.948	54.699	81.439	−47.119	−6.898	−3.1	8.1
	样本数	6	7	7	5	5	6	6
	Sig.（2-tailed）	0.009	0.035	0.017	0.195	0.118	0.084	0.316
	显著性	显著	显著	显著	显著	不显著	不显著	不显著

表 5-8　基于土壤样本的耕地转变为草地后的土壤质量变化分析

土样号	土壤类型	地形地貌	海拔（m）	取样年代	物理性黏粒（%）	有机质（%）	全氮（%）	全磷（%）	全钾（%）	pH	相对土壤质量指数
5	栗钙土	山坡	1 822	1987	26.040	2.309	0.129	0.119	3.535	8.080	86.5
				2013	23.549	4.453	0.273	0.060	3.761	7.740	90.75
22	栗钙土	缓坡	1 494	1987	10.910	1.130	0.074	0.036	3.435	8.400	32.25
				2013	15.141	1.568	0.122	0.015	3.254	8.140	54
23	栗钙土	缓坡（波状丘陵）	1 502	1987	10.870	0.682	0.047	0.042	3.821	8.700	36.5
				2013	18.232	1.144	0.091	0.033	3.122	7.970	54.25
24	栗钙土	缓坡（波状丘陵）	1 447	1987	16.030	1.921	0.144	0.063	3.297	8.300	66.5
				2013	19.641	2.354	0.172	0.027	3.738	8.290	73.5
28	栗钙土	平地	1 563	1987	12.810	1.010	0.062	0.063	3.758	8.300	50.25
				2013	21.731	1.713	0.122	0.033	3.426	7.850	62.25

　　耕地退耕还林后土壤质量同样发生了显著的变化（表 5-7 和表 5-9）。土壤物理性黏粒含量增加了 63.948%，变化显著；有机质含量增加了 54.699%，变化显著；全氮含量增加了 81.439%，变化显著；全磷含量减少了 47.119%，变化显著；全钾含量减少了 6.898%，变化不显著；pH 减少了 3.1%，变化不显著。相对土壤质量指数从 54.08 增加到了 58.46，增幅达 8.1%。因此退耕还林后土壤质量改善较明显。从单个土壤剖面分析（表 5-9），位于山前缓坡地带的 14 号剖面，土壤有机质含量和全氮含量略有减少之外，其他剖面有机质和全氮含量都明显增加；位于草甸土缓坡地带的 33 号剖面物理性黏粒含量明显减少外，其他各土壤剖面物理性黏粒含量全部增加；全磷含量在各土壤剖面的变化在 13 号剖面略有增加外其他各剖面均出现了减少的态势；全钾含量在各土壤剖面均有所减少；pH 在各土壤剖面均有显著降低。相对土壤质量指数除位于草甸土缓坡地带的 33 号剖面有所减少外，其他各剖面均有所增加。

表 5 - 9　基于土壤样本的耕地转变为灌木林地后的土壤质量变化分析

土样号	土壤类型	地形地貌	海拔（m）	取样年代	物理性黏粒（%）	有机质（%）	全氮（%）	全磷（%）	全钾（%）	pH	相对土壤质量指数
11	栗钙土	缓山坡	1 465	1987	10.930	0.674	0.051	0.036	3.844	8.300	37.75
				2013	17.346	1.070	0.079	0.027	3.721	8.270	52
13	栗钙土	缓坡	1 479	1987	5.840	0.659	0.041	0.041	3.673	8.400	38.25
				2013	15.735	1.776	0.109	0.048	2.902	7.710	62.25
14	栗钙土	山前缓坡	1 733	1987	10.880	0.661	0.045	0.054	3.577	8.400	38.25
				2013	16.104	0.649	0.044	0.028	3.443	8.080	46.5
21	栗钙土	缓坡（丘陵）	1 605	1987	8.690	0.575	0.043	0.034	3.838	8.300	37.75
				2013	15.897	1.052	0.102	0.019	3.730	8.260	51
27	栗钙土	平地	1 611	1987	18.590	1.960	0.110	0.130	3.623	8.300	72.5
				2013	19.257	2.030	0.117	0.034	3.478	7.800	68
33	草甸土	缓坡地	1 589	1987	44.680	2.946	0.193	0.128	3.823	8.000	96
				2013	25.579	1.687	0.115	0.034	3.655	7.630	71

　　耕地转变为草地和灌木林地，主要是退耕还林还草工程逐步实施的成果。从研究区土地利用变化图（彩图 3 - 2）可以看出，退耕后的灌木林地和草地之间在空间上相邻分布，形成灌草结合的空间布局格式。退耕地经过长期耕作，导致植物繁殖体的缺乏，使得草原恢复过程受到干扰，而在灌草结合的灌木林地和草地相邻分布的土地利用空间布局中，灌木林在起到防风减风速的同时截留风中携带的枯落物、沙尘及植物种子和果实，即为草地的休整恢复提供了必需的繁殖体，同时也积累了养分物质；而灌木林地本身茂密的枝叶和发达的根系也起到了培肥地力的作用。因此，耕地转变为灌木林地和草地后，土壤质量得到了明显的改善。

5.5.2　基于空间插值的分析

　　土地利用过程中由于受各种因素如农业内部结构调整、国家产业政策实施等的影响，不同用地之间的地类转变频繁且转换类型也多。本研究中，由于两期配对样点数据有限，在分析土地利用变化对土壤质量的影响时，除对耕地转变为草地和灌木林地两种地类转化类型加以分析外，无法对其他地类转换类型引起的土壤质量变化进行分析。基于此，依托 ArcGIS 的地统计模块，运用径向基函数的多元二次曲面插值法，对两期配对样点相对土壤质量指数数据进行空间插值，依据土壤质量等级划分标准（表 4-3），可获得两期土壤质量分级图（彩图 4-15 和彩图 4-16）。将土壤质量分级图和两期土地利用现状图（彩图 3-1 和彩图 3-2）进行叠加，可以对土地利用变化所引起的土壤质量的改变进行全面研究（表 5-10 至表 5-13）。

5.5.2.1　耕地转变为有林地、灌木林地和草地后的土壤质量

退耕还林还草后土壤质量发生了显著的变化（表 5-10）。耕地转变为灌木林地后，Ⅰ、Ⅱ级土壤所占比例大幅度增加，面积分别由 1987 年的 1 819hm² 和 8 751hm² 增加至 2013 年的 3 373hm² 和 14 995hm²；Ⅲ级土壤增幅相对较少，由 1987 年的 17 854hm² 增加至 2013 年的 19 949hm²；Ⅳ级土壤大幅减少，由 1987 年的 10 424hm² 减少至 2013 年的 531hm²。耕地转变为灌木林地的总量大且随着土地用途的改变土壤质量也得到了提高，263hm² 耕地转变为有林地后，Ⅰ级土壤所占比例由 1.14% 增加至 15.21%，Ⅱ级土壤所占比例由 27% 增加至 40.3%，Ⅲ级土壤所占比例由 57.41% 减少至 44.49%，Ⅳ级土壤基本消失。因此耕地转换为有林地的总量虽少，但用途改变后土壤质量整体上有了提高。耕地转变为草地后，Ⅰ、Ⅱ级土壤大幅增加，分别由 1987 年的 116hm² 和 293hm² 增加至 2013 年的 711hm² 和 807hm²，Ⅲ、Ⅳ级土壤由 1987 年的 1 286hm² 和 755hm² 减少至 2013 年的 881hm² 和 51hm²，Ⅰ、Ⅱ级土壤合计占到该转换地类的 61.96%，与 1987 年相比，增加了 45.27%，土壤质量有了明显提高。

表 5-10　基于空间插值的耕地转变为有林地、灌木林地和
草地后的土壤质量等级变化分析

地类转换类型		土壤质量等级	Ⅰ	Ⅱ	Ⅲ	Ⅳ	面积合计（hm²）
耕地-有林地	1987	面积（hm²）	3	71	151	38	263
		百分比（%）	1.14	27.00	57.41	14.45	
	2013	面积（hm²）	40	106	117	0	
		百分比（%）	15.21	40.30	44.49	0.00	

（续）

地类转换类型		土壤质量等级	I	II	III	IV	面积合计（hm²）
耕地-灌木林地	1987	面积（hm²）	1 819	8 751	17 854	10 424	38 848
		百分比（%）	4.68	22.53	45.96	26.83	
	2013	面积（hm²）	3 373	14 995	19 949	531	
		百分比（%）	8.68	38.60	51.35	1.37	
耕地-草地	1987	面积（hm²）	116	293	1 286	755	2 450
		百分比（%）	4.73	11.96	52.49	30.82	
	2013	面积（hm²）	711	807	881	51	
		百分比（%）	29.02	32.94	35.96	2.08	

5.5.2.2 有林地转变为耕地、灌木林地和草地后的土壤质量

有林地开垦为耕地后（表 5-11），I、II 级土壤所占比例明显降低，分别由 1987 年的 6.68% 和 35.78% 下降到 2013 年的 3.56% 和 17.71%；III 级土壤所占比例上升，由 1987 年的 30.17% 增加至 2013 年的 68.09%；IV 级土壤所占比例有所减少，由 1987 年的 27.37% 减少至 2013 年的 10.64%。有林地是指生长乔木的土地（表 3-1），因此有林地开垦为耕地后土壤质量整体上呈现出下降的态势；有林地变为灌木林地后土壤质量整体上有所提升，I、II 级土壤所占比例明显增加，二者合计占到该地类面积的 45.94%，IV 级土壤基本消失；有林地转变为草地后，I、II 级土壤所占比例显著增加，分别由 1.55% 和 19.35% 增加至 9.44% 和 42.88，III、IV 级土壤所占比例下降，分别由 51.39% 和 27.71% 减少至 44.74% 和 2.94%，土壤质量整体上呈现出好转的趋势。

表 5-11 基于空间插值的有林地转变为耕地、灌木林地和草地后的土壤质量等级变化分析

地类转换类型		土壤质量指数	I	II	III	IV	面积合计（hm²）
有林地-耕地	1987	面积（hm²）	150	804	678	615	2 247
		百分比（%）	6.68	35.78	30.17	27.37	
	2013	面积（hm²）	80	398	1530	239	
		百分比（%）	3.56	17.71	68.09	10.64	

（续）

地类转换类型		土壤质量指数	I	II	III	IV	面积合计（hm²）
有林地-灌木林地	1987	面积（hm²）	2	19	14	2	37
		百分比（%）	5.41	51.35	37.84	5.41	
	2013	面积（hm²）	8	9	20		
		百分比（%）	21.62	24.32	54.05	0.00	
有林地-草地	1987	面积（hm²）	10	125	332	179	646
		百分比（%）	1.55	19.35	51.39	27.71	
	2013	面积（hm²）	61	277	289	19	
		百分比（%）	9.44	42.88	44.74	2.94	

5.5.2.3　灌木林地转变为耕地、有林地和草地后的土壤质量

灌木林地开垦为耕地的土地面积为906hm²（表5-12），灌木林地转变为耕地后，I级土壤增加了33hm²，II级土壤少量增加，增加了0.22hm²，III级土壤增加了17.99hm²，IV级土壤基本消失，土壤质量状况呈现出略有改善的态势，但不明显。灌木林地转变为有林地的土地面积较少，只有344hm²，其中I、II级土壤所占比例较高，二者合计占到该转换类型总面积的76.17%，III、IV级土壤所占比例大幅减少，III级土壤由51.74%减少至23.84%，IV级土壤基本消失，因此，林地内部二级地类之间的用途转换，与转换为耕地相比，对于土壤质量的提高更有利；灌木林地转变为草地后，I级土壤所占比例明显增加，由0.62%增加到了16.17%，II级土壤所占比例由37.41%减少至19.88%，IV级土壤基本消失，III级土壤所占比例由47.9%增加至63.83%，土壤质量状况整体上呈现出好转的趋势。

表5-12　基于空间插值的灌木林地转变为耕地、有林地和草地后的土壤质量等级变化分析

地类转换类型		土壤质量指数	I	II	III	IV	面积合计（hm²）
灌木林地-耕地	1987	面积（hm²）	12	316	380	198	906
		百分比（%）	1.32	34.88	41.94	21.85	
	2013	面积（hm²）	45	318	543	0.00	
		百分比（%）	4.97	35.10	59.93	0.00	

（续）

地类转换类型		土壤质量指数	I	II	III	IV	面积合计（hm²）
灌木林地-有林地	1987	面积（hm²）	17	47	178	102	344
		百分比（%）	4.94	13.66	51.74	29.65	
	2013	面积（hm²）	65	197	82	0.00	
		百分比（%）	18.90	57.27	23.84	0.00	
灌木林地-草地	1987	面积（hm²）	5	303	388	114	810
		百分比（%）	0.62	37.41	47.90	14.07	
	2013	面积（hm²）	131	161	517	1	
		百分比（%）	16.17	19.88	63.83	0.12	

5.5.2.4 草地转变为耕地、有林地和灌木林地后的土壤质量

草地开垦为耕地后（表 5 - 13），I、II 级土壤比例增加，分别从 1987 年的 2.08% 和 24.97% 增加至 2013 年的 7.09% 和 34.81%，IV 级土壤比例大幅减少，III 级土壤明显增加，土壤质量整体上有好转的趋势。草地转变为灌木林地和有林地后，I、II 级土壤比例显著增加，IV 级土壤所占比例大幅减少，III 级土壤在草地转变为有林地的转换类型中有所减少，在草地转变为灌木林地的转换类型中有所增加，整体上来看，这种地类转换同样改善了土壤质量状况。

表 5 - 13　基于空间插值的草地转变为耕地、有林地和
灌木林地后的土壤质量等级变化分析

地类转换类型		土壤质量指数	I	II	III	IV	面积合计（hm²）
草地-耕地	1987	面积（hm²）	183	2 195	4 122	2 290	8 790
		百分比（%）	2.08	24.97	46.89	26.05	
	2013	面积（hm²）	623	3 060	5 053	54	
		百分比（%）	7.09	34.81	57.49	0.61	
草地-有林地	1987	面积（hm²）	83	295	730	527	1 635
		百分比（%）	5.08	18.04	44.65	32.23	
	2013	面积（hm²）	275	753	587	20	
		百分比（%）	16.82	46.06	35.90	1.22	

（续）

地类转换类型		土壤质量指数	I	II	III	IV	面积合计（hm²）
草地-灌木林地	1987	面积（hm²）	1 196	2 248	4 284	2 444	10 172
		百分比（%）	11.76	22.10	42.12	24.03	
	2013	面积（hm²）	1 294	3 904	4 821	153	
		百分比（%）	12.72	38.38	47.39	1.50	

在耕地、有林地、灌木林地和草地之间的地类转换类型中，除有林地变为耕地后土壤质量明显下降外，其他地类之间相互转换后的土地利用中，土壤质量有了明显的改善。本书认为这种土壤质量的有效改善，主要得益于退耕还林还草工程的持续实施及实施过程中依据立地条件所采取的灌草相结合与乔灌草相结合的土地利用措施的有效实施。

从本书的研究结果来看，基于空间插值分析的耕地转变为灌木林地和耕地转变为草地后的土壤质量变化情况与基于土壤样本分析的耕地转变为灌木林地和耕地转变为草地后的土壤质量变化情况完全吻合；基于空间插值分析的有林地变为耕地后的土壤质量明显下降的结果与仅有的1个有林地转变为耕地的土壤配对样本（34号配对样本，1987年为有林地，相对土壤质量指数为78.25；2013年为耕地，相对土壤质量指数为50.25）结果相吻合；基于空间插值分析的有林地转变为草地后的土壤质量呈现为好转的趋势的结果与仅有的1个有林地转变为草地的土壤配对样本（37号配对样本，1987年为有林地，相对土壤质量指数为70.25；2013年为草地，相对土壤质量指数为72.25）结果相吻合。因此，可以说所选取的空间插值模型具有较高的精度，同时也获得了其他地类相互转换后对土壤质量产生影响的信息。

5.6 小结

（1）基于土地利用类型的土壤质量统计分析

1987年土壤有机质和全氮含量草地最高，林地次之，耕地最少；物理性黏粒含量草地最大林地最小，耕地介于二者之间；全磷含量由大到小依次为林地、草地和耕地。在脆弱草原带的土地利用中草地的土壤属性各指标值及养分含量均好于其他土地利用类型。2013 年物理性黏粒含量、有机质和全氮含量在总量上较 1987 年均有所增加，在不同地类间的变化情况是，物理性黏粒含量为耕地＞林地＞草地，有机质为草地＞耕地＞林地，全氮为草地＞林地＞耕地，pH、全磷、全钾含量总体上均有所降低，在各地类之间的变化基本相同，共同表现为耕地＞草地＞林地。

变异系数反映土壤质量指标的空间变异程度。两期反映土壤质量的各土壤指标的变异系数，在不同土地利用类型中的变化各不相同且规律性较差，说明研究区土壤质量除受地形地貌等自然条件影响外，人类早期的开垦林草发展农业的行为及后期的植树造林恢复林草等土地利用活动对土壤质量具有较大的影响。

相对土壤质量指数 1987 年林地最高，耕地最低，草地介于二者之间。2013 年耕地和牧草地相对土壤质量指数明显增加，各地类土壤质量指数由大到小依次为草地＞耕地＞灌木林地＞有林地。

（2）土地利用方式对土壤质量的影响

基于土壤样点的土地利用方式主要有耕地利用方式对土壤质量的影响和草地利用方式对土壤质量的影响两个类型。耕地在长期持续利用中，土壤物理性黏粒含量明显增加，全氮和有机质含量略有增加，全磷全钾含量减少，pH 降低，相对土壤质量指数增加 3.81。因此长期耕地利用方式下的土壤质量状况总体上呈现出增加的态势。草地在长期持续利用中，物理性黏粒含量和有机质减少，全氮含量增加，全磷含量和全钾含量减少，pH 降低，相对土壤质量指数略有增加，增加了 0.25。因此，在长期草地利用方式下的土壤质量变化不显著，但有好转的态势。

基于空间插值的分析结果表明，在长期耕地、有林地、灌木林地和草地利用方式下土壤质量等级结构发生了明显的变化。耕地、有林地、灌木林地和草地长期利用方式下的土壤质量等级结构中Ⅰ、Ⅱ级土壤所占比例大幅增加，Ⅳ级土壤所占比例大幅下降，土壤质量整体上有了明显提高。

（3）土地利用变化对土壤质量的影响

基于土壤样点的土地利用类型转换主要涉及耕地转变为灌木林地后对土壤质量的影响和耕地转变为草地后对土壤质量的影响两个类型。耕地退耕还草后土壤物理性黏粒含量、有机质含量和全氮含量增加，全磷和全钾含量减少，pH 降低，相对土壤质量指数从 54.4 升高到 66.95，退耕还草后土壤质量明显好转。耕地退耕还林后土壤物理性黏粒含量、有机质含量和全氮含量增加，全磷含量和全钾含量减少，pH 降低，相对土壤质量指数从 54.08 增加到 58.46，退耕还林后土壤质量改善较明显。

基于空间插值的分析结果表明，在耕地、有林地、灌木林地和草地之间的地类转换类型中，除有林地变为耕地后土壤质量明显下降外，其他地类之间相互转换后的土地利用中，土壤质量有了明显的改善。

6 讨论与结论

6.1 讨论

（1）土地利用变化

研究区所在的四子王旗，曾经是水草丰美的优良牧场。20 世纪 60 年代以来，在"以粮为纲"政策引导下推行的开垦草原种植粮食的土地利用方式，导致草原生态环境急剧恶化，截至 1994 年全旗沙化面积占到土地总面积的 67.3%，草牧场严重退化和沙化[183]。基于这种现状，全旗在没有国家资金补贴的情况下，采取并实施了退耕还林还草，恢复草原植被的土地利用措施。之后随国家"京津唐风沙源治理工程"和"退耕还林还草工程"的进一步实施，草原生态建设取得了较好的效果。退耕还林还草工程采取的造林模式，根据立地条件的不同有以下四种模式：①灌草结合模式，主要针对缓坡丘陵区沙质耕地，树种选择柠条，草种选择豆科的沙打旺和紫花苜蓿等；②乔灌草结合模式，主要针对地势平缓的坡耕地，草树种以豆科植物及榆树和柠条为主；③乔灌结合流域治理模式，主要针对低山丘陵区及荒山荒坡，乔木和灌木成片混交种植；④乔灌结合片林营造模式，主要针对荒滩及河湾沟坝地[184]。本书所选研究区域的退耕还林还草模式主要为灌草结合和乔灌草结合模式的同时，其他两个退耕还林还草模式也有少量涉及。在这种生态治理措施的影响下，27 年间研究区面积比例较大的 3 种用地类型耕地、林地（包括有林地和灌木林地 2 个二级类）和牧草地的数量结构和空间布局发生了较大变化，三者的面积比例由 1987 年的 1：0.08：0.72 变为 2013 年的 1：0.67：0.74，空间分布上形成了不同大小的耕地外围分布林地（主要以灌木林地为主）或草地，耕地与耕地之间少有大片相连的格局，耕地、林地（灌木林地）和草地 3 个主要用地之间形成了耕地-灌木林地-草地或耕地-草地-灌木林地的套合结构与空间布局。

（2）土地利用对土壤质量的影响

从灌木林地的主要树种柠条的生态学意义上来看，柠条根系发达，分枝多，株丛密度大[185]，具有耐寒、耐旱、耐高温和耐贫瘠的特点[186]，有极强的阻滞降雪，防风固沙能力，其根系的固氮作用不仅给周围植物提供丰富的氮素，还可以使其周围牧草生长良好，尤其有利于禾本科植物的恢复[187]。人工灌丛林在生长发育过程中可以使其林下草地的物种丰富度增加，从而使草地群落物种多样性增加[188、189]。

①在退耕还林还草土地上，人工柠条林强大的阻风滞流作用，将风中携带的风播物种的果种、枯落物及沙尘截留下来，为草原植被的恢复提供丰富的物质资源和植物繁殖体[190、191]，从而增加了土壤有机质和全氮含量，起到了培肥地力的作用[192]。另一方面灌木林的挡风作用，可降低地表风速，使得草本植物免受流沙侵袭，减少水分的无效蒸腾，从而提供更多的生长机会[193、194]。因此，草地和灌木林地土壤质量呈现出好转的态势。

②在耕地利用中，耕地外围分布的柠条灌木林，可降低防护区内风速，使风积物质沉降在耕地土壤表层，经过长时间的腐殖质化过程土壤有机质、全氮等养分含量明显提高，土壤物理性黏粒含量显著增加。另一方面，实施退耕还林还草措施时遵循的基本原则是"进一退二还三"，即保一亩*基本高产农田，退两亩耕地，还林还草还牧[195]，因此长期作为耕地利用的土地，本身条件较好，同时在经营管理上采取了诸如滴灌、秸秆还田等集约化经营模式，使得耕地土壤质量呈现出上升的趋势。

因此，耕地、草地和林地3种面积比例较大的地类之间，不管是地类转换还是长期同一种利用方式，因为共处于同一个人工生态系统-林草田人工系统之内，系统内各组成部分之间处于相互作用、相互依存的良性发展状态，所以系统内部各组成部分的合理经营利用，都会使系统向更好的方向发展。

＊　亩为非法定计量单位，1亩＝1/15公顷。——编者注

6.2 结论

(1) 土地利用方面

27 年间各地类之间相互转换虽然较频繁，但耕地、林地（1987 年主要为有林地，2013 年主要为灌木林地）和草地始终为研究区面积比例较大的 3 个主要用地类型，分布上形成了耕地外围分布有灌木林地或草地，耕地与耕地之间少有大片相连的空间格局。土地利用结构更趋合理，其特征为，土地利用多样化指数平均值为 0.71，处于中等偏上水平；各村（社区）集中化指数介于－0.33～1 之间，呈现为中等偏下的状态；土地组合类型相对较丰富，半数以上的村（社区）地类组合类型以耕地-林地-牧草地为主，37％的村（社区）以耕地-林地为主；土地利用程度总体水平较高；受地形、海拔及人类生产投入水平的影响，各类用地在各村（社区）的区位意义不尽相同，其中耕地和林地区位意义相对较突出。导致土地利用变化的主要驱动因素有降水量、人口变化、产业布局和土地利用政策等。

(2) 土壤质量方面

研究区反映土壤质量状况的 6 个指标的平均值和变异系数，27 年内变化较大，其中物理性黏粒含量、有机质和全氮含量平均值显著增加，全磷、全钾和 pH 平均值明显减少。两期全钾及土壤 pH 的变异系数小于 10％，属于弱变异，其他各指标的两期变异系数均在 10％～100％之间，属于中等变异。土壤质量各指标的空间变化非常明显。土壤质量 27 年间变化显著，其中 Ⅳ 级土壤所占比例显著减少，Ⅰ 级和 Ⅱ 级土壤所占比例明显增加，Ⅲ 级质量的土壤略有增加，但涨幅不大，土壤质量总体上呈现出好转的趋势。27 年间研究区土壤质量空间变化较明显，1987 年土壤质量最差的区域，在中部呈条带状沿东北西南向集中分布，并以此为中心向两侧土壤质量逐渐升高，到东南端海拔大于 1 850m 以上的山坡草地地带土壤质量最好。2013 年土壤质量整体上好转，土壤质量最好的地段，在东南端原有的基础上向北延伸分布形成条带状，由此向西 Ⅱ 级和 Ⅲ 级土壤之间出现了相间分布的格局，Ⅳ 级土壤只在西南端有少量分布。

（3）土地利用对土壤质量的影响方面

土地利用方式对土壤质量的影响来看，在长期耕地、有林地、灌木林地和草地利用方式下土壤质量整体上有了明显提高。

土地利用变化对土壤质量的影响的来看，在耕地、有林地、灌木林地和草地之间的地类转换类型中，除有林地变为耕地后土壤质量明显下降外，其他地类之间相互转换后的土地利用中，土壤质量有了明显的改善

耕地、林地（灌木林地）和草地 3 个主要用地之间形成的耕地-灌木林地-草地或耕地-草地-灌木林地的套合结构与空间布局，对土壤综合质量水平的提高产生了直接的影响。

（4）进行土壤质量及土壤各属性指标的空间插值分析是可行的

基于土壤样点的土地利用对土壤质量的影响研究与基于空间插值的土地利用对土壤质量的影响研究，二者具有较一致的研究结果，因此，依托 ArcGIS 地统计功能，运用径向基函数进行土壤质量及土壤各属性指标的空间插值分析是可行的且具有较高精度。

参考文献

[1] 王万茂. 土地利用规划学 [M]. 北京: 科学出版社, 2010.

[2] Turner M G. Landscape ecology: the effete of pattern on process [J]. Annual Revue of Ecology and Systematics, 1989, 20: 171-197.

[3] Laurent Marquer, Marie-Jose Gaillard, Shinya Sugita, et al. Quantifying the effects of land use and climate on Holocene vegetation in Europe [J]. Quaternary Science Reviews, 2017, 171: 20-37.

[4] Turner B L II, Meyer W B. Land use and land cover in global environmental change: considerations for study [J]. International Social Science J. 1991, 130: 669-679.

[5] Wilson E O. Biodiversity [R]. Washington D C: National Academy Press, 1988.

[6] Lara Ibrahima, Ioannis N. Vogiatzakis, Guido Incerti et al. The use of fuzzy plant species density to indicate the effects of land-cover changes on biodiversity [J]. Ecological Indicators, 2015, 57: 149-158.

[7] Mohammad Zare, Thomas Panagopoulos, Luis Loures. Simulating the impacts of future land use change on soil erosion in the Kasilian watershed, Iran [J]. Land Use Policy, 2017, 67: 558-572.

[8] 马春锋, 王维真, 吴月茹, 等. 采用 BBH 模型模拟计算黑河中上游农田和草地的土壤水分研究 [J]. 冰川冻土, 2011, 33 (6): 1294-1301.

[9] 韩书成, 濮励杰, 陈凤, 等. 长江三角洲典型地区土壤性质对土地利用变化的响应——以江苏省锡山市为例 [J]. 土壤学报, 2007, 44 (4): 612-619.

[10] Fu B J, Ma K M, Zhou H F, et al. The effete of land use structure on the distribution of soil nutrients in the hilly area of the Loess Plateau, China [J]. Chinese Science Bulletin, 1999, 44 (8): 732-673.

[11] 朱鹤建, 陈健飞. 土壤地理学 [M]. 北京: 高等教育出版社, 2010.

[12] Doran J W, Zeiss M R. Soil health and sustainability: managing the biotic component of soil quality [J]. Applied Soil Ecology, 2000, 15: 3-11.

[13] Xueqi Xia, Zhongfang Yang, Yuan Xue, et al. Spatial analysis of land use change effect on soil organic carbon stocks in the eastern regions of China between 1980 and 2000 [J]. Geoscience Frontiers, 2017, 8: 597-603.

[14] 傅伯杰, 郭旭东, 陈利顶, 等. 土地利用变化与土壤养分的变化 [J]. 生态学报,

2001，21（6）：926-931.

[15] 郭旭东，傅伯杰，陈利顶，等 . 低山丘陵区土地利用方式对土壤质量的影响 [J]. 地理学报，2001，56（4）：447-455.

[16] 龚子同，陈鸿昭，骆国保，等 . 人为作用对土壤环境质量的影响及对策 [J]. 土壤与环境，2000，9（1）：7-10.

[17] 庞奖励，张卫青，黄春长，等 . 渭北高原土地利用变化对土壤剖面发育的影响 [J]. 地理学报，2010，65（7）：790-802.

[18] 罗格平，许文强，陈曦，等 . 天山北坡绿洲不同土地利用对土壤特性的影响 [J]. 地理学报，2005，60（5）：779-7911.

[19] 刘建国，张伟，李彦斌，等 . 新疆绿洲棉花长期连作对土壤理化性状与土壤酶活性的影响 [J]. 中国农业科学，2009，42（2）：725-733.

[20] 李香云，张蓬涛，章予舒，等 . 塔里木河下游绿色走廊特点及衰败成因分析 [J]. 干旱区地理，2001，18（4）：26-30.

[21] 陈忠升，陈亚宁，李卫红，等 . 新疆和田河流域土地利用及其生态服务价值变化 [J]. 干旱区研究，2009，26（6）：832-839.

[22] 郭德亮，樊军，米美霞，等 . 黑河中游绿洲区不同土地利用类型表层土壤水分空间变异的尺度效应 [J]. 应用生态学报，2013，24（5）：1199-1208.

[23] 杨玉海，陈亚宁，李卫红，等 . 准噶尔盆地西北缘新垦绿洲土地利用对土壤养分变化的影响 [J]. 中国沙漠，2008，28（1）：94-100.

[24] 王芳，肖洪浪，苏永中，等 . 临泽边缘绿洲区盐化草甸开垦后土壤质量演变 [J]. 中国沙漠，2011，31（3）：723-728.

[25] 王志刚，赵永存，廖启林，等 . 近 20 年来江苏省土壤 pH 值时空变化及其驱动力 [J]. 生态学报，2008，28（2）：720-727.

[26] 朱静，黄标，孙维侠，等 . 长江三角洲典型地区农田土壤有机质的时空变异特征及其影响因素 [J]. 土壤，2006，38（2）：158-165.

[27] 芮玉奎，曲来才，孔祥斌，等 . 黄河流域土地利用方式对土壤重金属污染的影响 [J]. 光谱学与光谱分析，2008，28（4）：934-936.

[28] 姚华荣，崔保山 . 澜沧江流域云南段土地利用及其变化对土壤侵蚀的影响 [J]. 环境科学学报，2006，26（8）：1362-1371.

[29] 姚华荣，杨志峰，崔保山，等 . 云南省澜沧江流域的土壤侵蚀及其环境背景 [J]. 水土保持通报，2005，25（4）：5-10.

[30] 喻锋，李晓兵，陈云浩，等 . 皇甫川流域土地利用变化与土壤侵蚀评价 [J]. 生态学报，2006，26（6）：1947-1955.

[31] 郑莲琴，和树庄 . 滇池流域不同土地利用方式土壤磷解吸研究 [J]. 中国生态农业

学报，2012，20（7）：855-860.

[32] Tatiana F. Rittl, Daniele Oliveira, Carlos E. P. Cerri. Soil carbon stock changes under different land uses in the Amazon [J]. Geroderma Regional, 2017, 10: 138-143.

[33] 蒋勇军，袁道先，章程，等. 典型岩溶农业区土地利用变化对土壤性质的影响 [J]. 地理学报，2005，60（5）：751-760.

[34] 严毅萍，曹建华，杨慧，等. 岩溶区不同土地利用方式对土壤有机碳碳库及周转时间的影响 [J]. 水土保持学报，2012，26（2）：144-149.

[35] 章程. 不同土地利用下的岩溶作用强度及其碳汇效应 [J]. 科学通报，2011，56（26）：2174-2180.

[36] 李加林，刘闯，张殿发，等. 土地利用变化对土壤发生层质量演化的影响 [J]. 地理学报，2006，61（4）：378-388.

[37] 李亚娟，曹广民，龙瑞军. 青海省海北州不同草地利用方式土壤基本理化性状研究 [J]. 草地学报，2012，20（6）：1039-1043.

[38] 聂小军，刘淑珍，刘海军，等. 藏东横断山区草地利用变化对土壤质量的影响 [J]. 山地学报，2009，27（6）：676-682.

[39] 王根绪，沈永平，钱鞠，等. 高寒草地植被覆盖变化对土壤水分循环影响研究 [J]. 冰川冻土，2003，25（6）：653-6591.

[40] 李元寿，王根绪，程玉菲，等. FDR 在高寒草地土壤水分测量中的标定及其应用 [J]. 干旱区地理，2006，29（4）：543-547.

[41] 张健，陈凤，濮励杰，等. 经济快速增长区土地利用变化对土壤质量影响研究 [J]. 环境科学研究，2007，20（5）：99-104.

[42] 许文强，罗格平，陈曦，等. 干旱区绿洲不同土地利用方式和强度对土壤粒度分布的影响 [J]. 干旱区地理，2005，18（6）：800-804.

[43] 宁发，徐柱，单贵莲，等. 干扰方式对典型草原土壤理化性质的影响 [J]. 中国草地学报，2008，30（4）：46-50.

[44] 阿拉坦达来，张金福，包根晓，等. 长期禁牧对阿拉善左旗荒漠草原的影响 [J]. 内蒙古草业，2011，30（1）：56-58.

[45] 赵仁鑫，郭伟，包玉英，等. 内蒙古草原白乃庙铜矿区土壤重金属污染特征研究 [J]. 土壤通报，2012，43（2）：496-500.

[46] 吕君，刘丽梅，陈田，等. 典型草原地区旅游发展对土壤环境的影响 [J]. 资源科学，2008，30（6）：837-841.

[47] 吴传钧，郭焕成. 中国土地利用 [M]. 北京：科学出版社，1994.

[48] 徐近之. 国际地理大会历次概况 [J]. 地理学报，1950，16（1）：111-129.

[49] 倪绍祥. 土地利用类型与土地评价概论 [M]. 北京：高等教育出版社，1999.

［50］刘彦随．区域土地利用优化配置［M］．北京：学苑出版社，1999.

［51］陈百明．土地资源学概论［M］．北京：中国环境科学出版社，1996.

［52］谭少华，倪绍祥．20 世纪以来土地利用研究综述［J］．地域研究与开发，2006，25（5）：84 - 8953.

［53］高志强，刘纪远，庄大方．基于遥感和 GIS 的中国土地利用/土地覆盖的现状研究［J］．遥感学报，1999，3（2）：9 - 14.

［54］Turner B L，Moss R H，D. Skole. Relating land use and global land cover change：A proposal for an IGBP - HDP core Project［J］．International Geosphere - Biosphere Programme Report No. 24，Stockholm，1993，7（8）：60 - 63.

［55］Lambin E F，Baulies X，Bockstael N. Land use and land cover change. Implementation Strategy［R］．IGBP report No. 48，IHDP report No. 10，1999.

［56］Fischer G，Ermoliev Y，Keyzer M A. et al. Simulating the socio - economic and bio-geophysical driving forces of land - use and Iand - cover change：the IIASA Land - Use Change Moder［R］．Wp - 96 - 010. Laxenburg：ILASA. 1996.

［57］UNEP - EAPAP. Land cover assessment and monitoring，volume 1 - A，Overall Methodological Framework and Summary［R］．Bankok：UNEP - EAPAP. 1995.

［58］Turner II，Skole D，Sanderson S. Land Use and Land Cover Change. Science/Research Plan［R］．IGBP Report No. 35. HDP Report No. 7. Stockholm：1995，52 - 60.

［59］刘彦随，陈百明．中国可持续发展问题与土地利用/覆被变化研究［J］．地理研究，2002，21（3）：324 - 330.

［60］王群，王万茂．中国省区土地利用差异驱动因素实证研究［J］．中国土地科学，2005，19（6）：21 - 25.

［61］敖登高娃．内蒙古耕地资源变化过程与粮食生产安全问题研究［J］．中国生态农业学报，2008，16（4）：1000 - 1004.

［62］肖思思，吴春笃，储金宇．1980—2005 年太湖地区土地利用变化及驱动因素分析［J］．农业工程学报，2012，28（23）：1 - 12.

［63］李凯，曾凡棠，番禺．近 30 年土地利用变化及驱动因素分析研究［J］．中国人口·资源与环境，2014，24（3）：127 - 130.

［64］燕群，蒙吉军，康玉芳．中国北方农牧交错带土地集约利用评价研究：以内蒙古鄂尔多斯市为例［J］．干旱区地理，2011，34（6）：1017 - 1023.

［65］魏琦，王道龙，唐华俊，等．内蒙古林西县生态环境治理效果分析［J］．中国农业资源与区划，2010，31（4）：23 - 28.

［66］敖登高娃，李跃进，兀良哈·巴雅尔．脆弱草原带农牧交错区村域尺度土地利用结构定量分析［J］．农业工程学报，2017，33（6）：222 - 231.

[67] 宋乃平，王磊，张庆霞，等．农牧交错区典型村域的土地利用变化过程研究 [J]．资源科学，2010，32（6）：1148-1153.

[68] 陈荣蓉，叶公强，杨朝现，等．村级土地利用规划编制 [J]．中国土地科学，2009，23（3）：32-36.

[69] 常春艳，赵庚星，王凌，等．黄河口生态脆弱区土地利用时空变化及驱动因素分析 [J]．农业工程学报，2012，28（24）：226-235.

[70] 韩书成，谢永生，郝明德，等．长武王东沟小流域土地利用变化及驱动力研究 [J]．水土保持通报，2012，25（5）：32-37.

[71] 龙花楼，李秀彬．长江沿线样带土地利用格局及其影响因子分析 [J]．地理学报，2001，56（4）：417-425.

[72] 贾科利，常庆瑞，张俊华．陕北农牧交错带土地利用变化及驱动机制分析 [J]．资源科学，2008，30（7）：1053-1060.

[73] 谭永忠，吴次芳，王庆日．杭嘉湖平原地区土地利用变化驱动机制分析 [J]．经济地理，2006，26（4）：639-642.

[74] 马其芳，邓良基，黄贤金．盆周山区土地利用变化及其驱动因素分析——以四川省雅安市为例 [J]．南京大学学报（自然科学版），2005，41（3）：268-278.

[75] 赖慧芳，陈凤桂．广州市土地利用变化趋势及驱动机制研究 [J]．热带地理，2008，28（5）：455-460.

[76] 陆汝成，黄贤金，左天惠，等．基于 CLUE-S 和 Markov 复合模型的土地利用情景模拟研究 [J]．地理科学，2009，29（4）：577-581.

[77] 曹雪，罗平，李满春，等．基于扩展 CA 模型的土地利用变化时空模拟研究——以深圳市为例 [J]．资源科学，2011，33（1）：127-133.

[78] 何春阳，史培军，陈晋，等．基于系统动力学模型和元胞自动机模型的土地利用情景模型研究 [J]．中国科学 D 辑（地球科学），2005，35（5）：464-473.

[79] 刘晓利，何园球，李成亮，等．不同利用方式和肥力红壤中水稳性团聚体分布及物理性质特征 [J]．土壤学报，2008，45（3）：459-465.

[80] 聂小军，刘淑珍，刘海军，等．藏东横断山区草地利用变化对土壤质量的影响 [J]．山地学报，2009，27（6）：676-682.

[81] C. A. Murphy, B. L. Foster, M. E. Ramspott, et al. Grass land management effects on soil bulk density [J]. Transactions of the Kansas Academy of Science，2004，107（1/2）：45-54.

[82] Mostafa Emad, I MehdiEmad, I Majid Baghernejad, et al. Effects of land use change on selected soil physical and chemical properties in north highland of Iran [J]. Journal of Applied Sciences，2008，8（3）：496-502.

[83] Hajabbasi M. A, Jalalian A. and Karimzadeh H. R. Deforestation effects on soil physical and chemical properties, Lordegan, Iran [J]. Plant and soil, 1997, 190: 301-398.

[84] 刘云鹏, 张社奇, 谷洁, 等. 不同土地利用方式对陕西黄河湿地土壤水分物理性质的影响 [J]. 安徽农业科学, 2011, 39 (5): 2725-2728.

[85] 王根绪, 马海燕, 王一博, 等. 黑河流域中游土地利用变化的环境影响 [J]. 冰川冻土, 2003, 25 (4): 359-367.

[86] 查小春, 唐克丽. 黄土丘陵区林区开垦地土壤退化研究 [J]. 干旱区地理, 2001, 24 (4): 359-364.

[87] 巩杰, 陈利顶, 傅伯杰, 等. 黄土丘陵区小流域植被恢复的土壤养分效应研究 [J]. 水土保持学报, 2005, 19 (1): 93-96.

[88] 傅伯杰, 陈利顶, 马克明, 等. 黄土丘陵区小流域土地利用变化对生态环境的影响——以延安市羊圈沟流域为例 [J]. 地理学报, 1999, 54 (3): 241-246.

[89] 张于光, 张小全, 肖烨, 等. 米亚罗林区土地利用变化对土壤有机碳和微生物量碳的影响 [J]. 应用生态学报, 2006, 17 (11): 2029-2033.

[90] 刘世梁, 傅伯杰, 陈利顶, 等. 卧龙自然保护区土地利用变化对土壤性质的影响 [J]. 地理研究, 2002, 21 (6): 682-688.

[91] 康文星, 王卫文, 何介南, 等. 洞庭湖湿地草地不同利用方式对土壤碳储量的影响 [J]. 中国农学通报, 2011, 27 (2): 35-39.

[92] 李亚娟, 曹广民, 龙瑞军. 青海省海北州不同草地利用方式土壤基本理化性状研究 [J]. 草地学报, 2012, 20 (6): 1039-1043.

[93] 赵锦梅, 张德罡, 刘长仲, 等. 祁连山东段高寒地区土地利用方式对土壤性状的影响 [J]. 生态学报, 2012, 32 (2): 548-555.

[94] 李生, 张守攻, 姚小华, 等. 黔中石漠化地区不同土地利用方式对土壤环境的影响 [J]. 2008, 17 (3): 384-389.

[95] 杨智杰, 崔纪超, 谢锦升, 等. 中亚热带山区土地利用变化对土壤性质的影响 [J]. 地理科学, 2010, 30 (3): 475-480.

[96] 赵锦梅, 张德罡, 刘长仲, 等. 东祁连山土地利用方式对土壤持水能力和渗透性的影响 [J]. 自然资源学报, 2012, 27 (3): 423-429.

[97] 郭彦军, 倪郁, 韩建国, 等. 农牧交错带不同土地利用方式对土壤质量的影响 [J]. 西南大学学报 (自然科学版), 2010, 32 (1): 105-110.

[98] 国家标准化管理委员会. 土地利用现状分类: GB/T 21010—2007 [S]. 北京: 中国标准出版社, 2007.

[99] 鲍志良, 石诗源, 乔伟峰. 村域土地利用数量结构特征对比分析 [J]. 江苏农业科学, 2009 (3): 424-426.

[100] 张超，张长平，杨伟民．计量地理学导论［M］．北京：高等教育出版社，1983.

[101] 封志明，杨艳昭，宋玉，等．中国县域土地利用结构类型研究［J］．自然资源学报，2003，18（5）：552-561.

[102] 谭术魁，朱祥波，张路．基于计量地理模型和信息熵的湖北省土地利用结构地域差异研究［J］．地域研究与开发，2014，33（1）：88-92.

[103] 王红梅，王小雨，李宏．基于计量地理模型的黑龙江省土地利用状况分析［J］．农业工程学报，2006，22（7）：70-74.

[104] 石培基，张学斌，罗君．黄土丘陵沟壑区土地利用空间结构的计量地理分析［J］．土壤，2011，43（3）：439-445.

[105] 刘纪远．西藏自治区土地利用［M］．北京：科学出版社，1992.

[106] 仙巍．嘉陵江中下游地区近30年土地利用与覆盖变化过程研究［J］．地理科学进展，2005，24（2）：114-121.

[107] 杨格格，杨艳昭，封志明．南方红壤丘陵地区土地利用变化特征［J］．地理科学进展，2010，2（4）：483-488.

[108] 陈其春，吕成文，李壁成，等．县级尺度土地利用结构特征定量分析［J］．农业工程学报，2009，25（1）：223-231.

[109] 宋戈，孙丽娜，雷国平，等．基于计量地理模型的松嫩高平原土地利用特征及其空间布局［J］．农业工程学报，2012，28（3）：243-250.

[110] 周生路，黄劲松．东南沿海低山丘陵区土地利用结构的地域分异研究［J］．土壤学报，2003，40（1）：37-45.

[111] 摆万奇，赵士洞．土地利用变化驱动力系统分析［J］．资源科学，2001，2（3）：39-41.

[112] 乌兰察布盟地方志编纂委员会．乌兰察布盟志：上卷［M］．呼和浩特：内蒙古文化出版社，2004.

[113] 四子王旗人民政府．四子王旗行政区划［EB/OL］．四子王旗政府网．

[114] 潘江涛．积极履行社会责任，助推地方经济发展-农行四子王旗支行大力推进"金融扶贫富民工程"［J］．财经界，2015（9）：78-80.

[115] 四子王旗人民政府．四子王旗国民经济和社会发展第十一个五年规划纲要［R］.

[116] 四子王旗人民政府．四子王旗2013年政府工作报告［R］.

[117] 黄昌勇，徐建明．土壤学［M］．第3版．北京：中国农业出版社，2010.

[118] 吕晓男，孟赐福，麻万褚，等．土壤质量及其演变［J］．浙江农业学报，2004，16（2）：105-109.

[119] 赵其国，孙波，张桃林．土壤质量与持续环境——Ⅰ.土壤质量的定义及评价方法［J］．土壤，1997（3）：113-120.

[120] Jenny，H. Derivation of the state of soil and ecosystems [J]．Proc. soil Sci. Am，1961 (25)：385 - 388.

[121] 李保国．土壤变化及其过程的定量化 [J]．土壤学进展，1995，23 (2)：33 - 42.

[122] Hoosbeek M R，Bryant R B. Towards the quantitive modeling of pedogenesis：a review [J]．Geroderma，1992 (55)：183 - 210.

[123] 张娜，王希华，郑泽梅，等．浙江天童常绿阔叶林土壤的空间异质性及其与地形的关系 [J]．应用生态学报，2012，23 (9)：2361 - 2369.

[124] 石淑芹，陈佑启，李正国，等．基于土壤类型和微量元素辅助信息的土壤属性空间模拟 [J]．农业工程学报，2010，26 (12)：199 - 205.

[125] 马文瑛，赵传燕，王超，等．祁连山天老池小流域土壤有机碳空间异质性及其影响因素 [J]．土壤，2014，46 (3)：426 - 432.

[126] 石淑芹，曹祺文，李正国，等．气候与社会经济因素对土壤有机质影响的空间异质性分析 [J]．中国生态农业学报，2014，22 (9)：1102 - 1112.

[127] 李建辉，李晓秀，张汪寿，等．基于地统计学的北运河下游土壤养分空间分布 [J]．地理科学，2011，31 (8)：1001 - 1006.

[128] 吴亚坤，刘广明，杨劲松，等．基于反距离权重插值的土壤盐分三维分布解析方法 [J]．农业工程学报，2013，29 (3)：100 - 106.

[129] 张志斌，杨莹，居翠屏，等．兰州市回族人口空间演化及其社会响应 [J]．地理科学，2014，34 (8)：921 - 929.

[130] 朱乐天，王信增，焦峰．基于 TPS 插值的黄土丘陵区土壤容重空间分布研究 [J]．土壤通报，2012，43 (5)：1043 - 1048.

[131] 刘吉峰，李世杰，秦宁生．青海湖流域土壤可蚀性 K 值研究 [J]．地理科学，2006，29 (3)：321 - 326.

[132] 李瑾杨，范建容，徐京华．基于点云数据内插 DEM 的精度比较研究 [J]．测绘与空间地理信息，2013，36 (1)：37 - 40.

[133] 谭满堂，姚书振，丁振举，等．小秦岭金矿田典型矿脉矿化趋势面分析与深部预测 [J]．地球科学，2014，39 (3)：303 - 311.

[134] 杨振，闵厚禄，季翱，等．基于趋势面分析的大冶铁矿控矿构造及深部矿体定位研究 [J]．金属矿山，2009，38 (11)：81 - 85.

[135] 张华，张甘霖．热带低丘地区农场尺度土壤质量指标的空间变异 [J]．土壤通报，2003，34 (4)：241 - 245.

[136] 连纲，郭旭东，傅伯杰，等．基于环境相关法和地统计学的土壤属性空间分布预测 [J]．农业工程学报，2009，25 (7)：237 - 242.

[137] 张世文，张立平，叶回春，等．县域土壤质量数字制图方法比较 [J]．农业工程学

报，2013，29（15）：254-262.

[138] 李启权，王昌全，岳天祥，等 . 基于 RBF 神经网络的土壤有机质空间变异研究方法 [J]. 农业工程学报，2010，26（1）：87-93.

[139] 钱学森，于景元，戴汝为 . 一个科学新领域——开放的复杂系统及其方法论 [J]. 自然杂志，1990，13（1）：3-10.

[140] 陈述彭 . 地球科学的复杂性与系统性 [J]. 地理科学，1991，11（4）：297-305.

[141] 李新，程国栋，卢玲 . 空间内插方法比较 [J]. 地球科学进展，2000，15（3）：260-265.

[142] 尤淑撑，严泰来 . 基于人工神经网络面插值的方法研究 [J]. 测绘学报，2000，29（1）：30-34.

[143] 张海军，李仁杰 . 地理信息系统原理与实践 [M]. 北京：科学出版社，2009.

[144] 冯惠妍，陈争光，蔡月芹 . RBF 神经网络的土壤养分肥力评价研究 [J]. 黑龙江八一农垦大学学报，2015，27（4）：99-102.

[145] 宋兆璞，刘畅，赵凯，等 . 基于 RBF 神经网络耕地土壤全氮插值方法的研究 [J]. 安徽农业科学，2012，40（20）：10424-10425，10548.

[146] 武开福，曹伟 . 基于 RBF 神经网络的农田土壤含盐量预测 [J]. 节水灌溉，2011（1）：18-20.

[147] 曹伟，张胜江，魏光辉 . 基于 RBF 神经网络的农田土壤含盐量预测 [J]. 新疆水利，2009（5）：9-12.

[148] 孙玥，关明皓 . 改进的 PSO-RBF 模型在土壤水入渗参数非线性预测中的应用研究 [J]. 水利技术监督，2017，25（2）：117-120.

[149] 徐英 . 考虑块段效应的 RBF 神经网络在土壤空间插值中的应用 [J]. 水科学进展，2012，23（1）：67-73.

[150] 陈昌华，谭俊，尹健康，等 . 基于 PCA-RBF 神经网络的烟田土壤水分预测 [J]. 农业工程学报，2010，26（8）：85-90.

[151] Yang Jingfeng, LI Ting, LU Qifu, et al. Calibration method based on RBF neural networks for soil moisture content sensor [J]. Agricultural Science & Technology, 2010, 11（2）：140-142.

[152] 周宁，李超，满秀玲 . 基于 Logistic 回归和 RBF 神经网络的土壤侵蚀模数预测 [J]. 水土保持通报，2015，35（3）：235-241，2.

[153] 伊燕平，卢文喜，许晓鸿，等 . 基于 RBF 神经网络的土壤侵蚀预测模型研究 [J]. 水土保持研究，2013，20（2）：25-28.

[154] Li Baolei, Zhang Yufeng, Shi Xinling, et al. Spatial interpolation method based on integrated RBF neural networks for estimating heavy metals in soil of a mountain re-

gion [J]. Journal of Southeast University, 2015, 31 (1): 38-45.

[155] 陈飞香, 程家昌, 胡月明, 等. 基于 RBF 神经网络的土壤铬含量空间预测 [J]. 地理科学, 2013, 33 (1): 69-74.

[156] 宋兆璞, 刘畅, 赵凯, 等. 基于 RBF 神经网络耕地土壤全氮插值方法的研究 [J]. 安徽农业科学, 2012, 40 (20): 10424-10425, 10548.

[157] 张红, 卢茸, 石伟, 等. 基于 RBF 神经网络的土壤重金属空间变异研究 [J]. 中国生态农业学报, 2012, 20 (4): 474-479.

[158] 李磊, 李剑, 马建华. RBF 神经网络在土壤重金属污染评价中的应用 [J]. 环境科学与技术, 2010, 33 (5): 191-195.

[159] 董敏, 王昌全, 李冰, 等. 基于 GARBF 神经网络的土壤有效锌空间插值方法研究 [J]. 土壤学报, 2010, 47 (1): 42-50.

[160] 胡焱弟, 赵玉杰, 白志鹏, 等. 土壤环境质量评价的径向基函数神经网络的模型设计与应用 [J]. 农业环境科学学报, 2006 (S1): 5-12.

[161] 李月芬, 王冬艳, Viengsouk Lasoukanh, 等. 基于土壤化学性质与神经网络的羊草碳氮磷含量预测 [J]. 农业工程学报, 2014, 30 (3): 104-111.

[162] 屈忠义. 基于人工神经网络理论的区域水-土 (盐) 环境预测研究 [D]. 呼和浩特: 内蒙古农业大学, 2003.

[163] 吴秀芹, 张洪岩, 李瑞改, 等. 地理信息系统应用与实践 [M]. 北京: 清华大学出版社, 2009.

[164] 龙玉桥, 李伟, 李砚阁, 等. MQ 点插值法在地下水稳定流计算中的应用 [J]. 水利学报, 2011, 42 (5): 572-579.

[165] 王效举, 龚子同. 红壤丘陵小区域水平上不同时段土壤质量变化的评价和分析 [J]. 地理科学, 1997, 17 (2): 141-149.

[166] 徐建明, 张甘霖, 谢正苗, 等. 土地质量指标与评价 [M]. 北京: 科学出版社, 2010.

[167] 李绍良, 贾树海, 陈有君, 等. 内蒙古草原土壤退化进程及其评价指标的研究 [J]. 土壤通报, 1997, 28 (6): 241-243.

[168] 国家质量监督检验检疫总局, 国家标准化管理委员会. GBT 28407—2012. 农用地质量分等规程 [S]. 北京: 中国质检出版社, 2015.

[169] 贺俊杰. 锡林郭勒草原土壤主要营养成分的空间分布 [J]. 草业科学, 2013, 30 (11): 1710-1717.

[170] 雷志栋, 杨诗秀, 许志荣, 等. 土壤特性空间变异性初步研究 [J]. 水利学报, 1985, 9: 10-21.

[171] 张晋爱, 张兴昌, 邱丽萍, 等. 黄土丘陵区不同年限柠条林地土壤质量变化 [J].

农业环境科学学报，2007，26（增刊）：136－140.

[172] 王丽. 四子王旗农户施肥现状、存在问题及分析评价 [J]. 内蒙古农业科技，2011（2）：6－10.

[173] 魏金明，姜摇勇，符明明，等. 水、肥添加对内蒙古典型草原土壤碳、氮、磷及 pH 的影响 [J]. 生态学杂志，2011，30（8）：1642－1646.

[174] 周纪东，史荣久，赵峰，等. 施氮频率和强度对内蒙古温带草原土壤 pH 及碳、氮、磷含量的影响 [J]. 应用生态学报，2016，27（8）：2467－2476.

[175] 刘任涛，杨新国，宋乃平，等. 荒漠草原区固沙区人工柠条生长过程中土壤性质演变规律 [J]. 水土保持学报，2012，26（4）：108－112.

[176] Wilson E O. （ed.）Biodiversity [M]. Washington D C：National Academy Press，1988.

[177] Bushchbacher R，Uhl C，Serrao EAS. Abandoned pastures in eastern Amazonia. II. Nutrient stocks in the soil and vegetation [J]. Journal of Ecology，1988，76：682－699.

[178] Fu B J，Ma K M，Zhou H F，et al. The effect of land use structure on the distribution of soil nutrients in the hilly area of the Loess Plateau，China [J]. Chinese Science Bulletin，1999，44（8）：732－736.

[179] Fu B J，Chen L D，Ma K M，et al. The relationship between land use and soil conditions in the hilly area of Loess Plateau in northern Shaanxi，China [J]. Catena，2000，39：69－78.

[180] 傅伯杰，陈利顶，马克明. 黄土丘陵区小流域土地利用变化对生态环境的影响 [J]. 地理学报，1999，54（3）：241－246.

[181] Lal R，Mokma D，Lowery B. Relation between soil quality and erosion [C]. In Rattan Lal. Soil quality and soil erosion，Washington D C：CRC Press，1999，Vol. 237－258.

[182] Crist P J，Thomas W Kohley，John Oakleaf. Assessing land－use impacts on biodiversity using an expert system tool [J]. Landscape Ecology. 2000，15：47－62.

[183] 刘恒山. 退耕还林工程使四子王旗再现如茵草原 [J]. 内蒙古林业，2006（11）：20－21.

[184] 窦喜龙. 四子王旗退耕还林工程造林技术研究 [J]. 内蒙古林业，2004（12）：27－28.

[185] 李树莘. 黄柳沙障柠条网格在水土保持中的作用及特性 [J]. 水土保持研究，1998，5（3）：126－128.

[186] 温学飞. 柠条在生态环境建设中的作用 [J]. 牧草与饲料，2010，4（2）：3－

6，47.

[187] 陈云云，潘占兵，王占军，等.宁夏干旱风沙区人工柠条林内植被恢复研究 [J].
宁夏农林科技，2004（3）：4-9.

[188] 周志宇，付华，陈亚明，等.阿拉善荒漠草地恢复演替过程中物种多样性与生产力
的变化 [J].草业学报，2003，12（1）：34-40.

[189] 韩天丰，程积民，万惠娥.人工柠条灌丛林下草地植物群落特征研究 [J].草地学
报，2009，17（2）：245-249.

[190] 刘志民，蒋德明，阎巧玲，等.科尔沁草原主要草地植物传播生物学简析 [J].草
业学报，2005，14（6）：23-33.

[191] 郭雨华，赵廷宁，丁国栋，等.灌木林盖度对风沙土风蚀作用的影响 [J].水土保
持研究，2006（5）：245-247+251.

[192] 牛西午，张强，杨治平，等.柠条人工林对晋西北土壤理化性质变化的影响研究
[J].西北植物学报，2003，23（4）：628-632.

[193] 于云江，史培军，鲁春霞，等.不同风沙条件对几种植物生态生理特征的影响
[J].植物生态学报，2003，27（1）：53-58.

[194] 张华，李锋瑶，伏乾科，等.沙质草地植被防风抗蚀生态效应的野外观测研究
[J].环境科学，2004，25（2）：119-124.

[195] 关婉秋.内蒙古退耕还林还草工程实施情况调查及制度完善 [D].兰州：兰州大
学，2008.

图书在版编目（CIP）数据

脆弱草原带土地利用对土壤质量的影响研究 / 敖登
高娃著 . —北京：中国农业出版社，2019.4
ISBN 978-7-109-25341-4

Ⅰ.①脆… Ⅱ.①敖… Ⅲ.①草原－土地利用－影响－
土壤－质量－研究－内蒙古 Ⅳ.①S159.226 ②S158

中国版本图书馆 CIP 数据核字（2019）第 050160 号

中国农业出版社出版
（北京市朝阳区麦子店街 18 号楼）
（邮政编码 100125）
责任编辑 闫保荣

北京中兴印刷有限公司印刷 新华书店北京发行所发行
2019 年 4 月第 1 版 2019 年 4 月北京第 1 次印刷

开本：700mm×1000mm 1/16 印张：7 插页：4
字数：110 千字
定价：40.00 元
（凡本版图书出现印刷、装订错误，请向出版社发行部调换）